Der
Deutsche Exporthandel
der Neuzeit
und
die nordamerikanische Concurrenz.

Eine handelsgeographisch-statistische Studie

von

Reinhold Pallmann,
Dr. ph.

Hamburg.
L. Friederichsen & Co.
Geographische und nautische Verlagshandlung.
1881.

Vorwort.

Die vorliegende Studie behandelt eine der wichtigsten und brennendsten Tagesfragen. Sie ist die Quintessenz langjähriger geographischer Detail-Studien, in welche ich mich als freiconservativer Schutzzöllner vertiefte und aus welcher ich als Freihändler hervorging d. h. als Freihändler in dem Sinne, in welchem M. Meyer in seinem Werke: „Die neuere Nationalökonomie S. 12" (Berlin 1881) den freihändlerischen Standpunkt von Adam Smith darlegt. Zum größten Theil entstammt sie Vorträgen über die Handelsgeographie Europas, welche ich im 4. Quartal 1880 theils an der Humboldt-Akademie, theils im Verein der jungen Kaufleute zu Berlin hielt.

Sollte der alleinige Zweck der Schrift: „in recht weiten Kreisen zu selbständigem Nachdenken über die Grundlagen des deutschen Exporthandels als einer Lebensfrage Deutschlands anzuregen" erreicht werden, so würde ich mich für die mühevolle Arbeit, die todten Zahlen der Handels-Statistik in lebendiges Wort gekleidet zu haben, reichlich belohnt halten.

Dem Verleger Herrn L. Friederichsen spreche ich für die große Mühe und für die peinliche Sorgfalt, mit welcher er als Sachkenner mich bei der Revision der so vielartigen Zahlenangaben in den 57 Tabellen dieser Schrift unterstützt hat, auch an dieser Stelle meinen aufrichtigen Dank aus.

Berlin, im Mai 1881.

Dr. **Reinhold Pallmann.**

Oberlehrer an der Luisenstädtischen Gewerbeschule zu Berlin.

Inhalt.

Erster Abschnitt.

Die Veränderung
der
europäischen Großhandelsbewegung
seit der
Entdeckung Amerikas.

I.

Das Verhalten Deutschlands gegenüber der durch die überseeischen Entdeckungen seit 1500 veränderten Großhandelsbewegung. [1]*)

Der 6. September des Jahres 1522 ist einer der denkwürdigsten Tage in der Geschichte der Handelsgeographie. An diesem Septembertage verließen 16 zerlumpte und ausgehungerte Gestalten ein wrackartiges Schiff und betraten im spanischen Hafen von San Lucar de Barrameda an der Mündung des Guadalquivir das europäische Festland. Es waren dies die letzten 13 Gefährten Magalhaes [2]), welche soeben die erste Umsegelung der Erde vollendet hatten, und außer ihnen 3 Asiaten, die sich ihnen in Ostasien angeschlossen. Sie brachten als Probe von der Rentabilität derartiger Unternehmungen Gewürze mit, die sie auf den Molukken für 213 Dukaten eingekauft, und diese Gewürze hatten nach dem damaligen Londoner Marktpreise [3]) einen Werth von mehr als 100,000 Dukaten. Es waren bei diesem Einkauf fast 50,000 Procent verdient worden.

Mit der ersten Weltumsegelung Magalhaes erreichte das Zeitalter der überseeischen Entdeckungen, welches Columbus so glänzend eröffnet hatte, gewissermaßen eine Art Abschluß. Sehen wir uns die Nationen an, die an jenem großen Wettkampfe der Conquista-Zeit theilnahmen, welcher dazu bestimmt war, die Handels- und Industrielage Europas sehr bald wesentlich zu verändern.

Die Portugiesen sandten 1497 Vasco da Gama aus, der auf dieser Fahrt Afrika von Westen aus zuerst umsegelte. Gleichzeitig schickten die Engländer den Venetianer John Cabot (eigentlich Gabotto zu nennen), den Vater, aus, und dieser landete bei Neufundland oder Labrador. Sein Sohn Sebastian wiederholte die Fahrt im nächsten

*) Vgl. den Anhang, in welchem Anmerkungen vereinigt sind.

Jahre, 1498. Ein packender Erfolg wurde durch diese und weitere Unternehmungen der Engländer allerdings nicht erzielt, weil aus so hohen Breiten zwar „wilde Männer in Thierfellen, die rohes Fleisch aßen", mitgebracht wurden[4]) (1502), aber nicht die kostbaren Edelmetalle und Producte der äquatorialen Gebiete. Die Florentiner, welche schon um 1350 die Umsegelung Afrikas vom Osten[5]) aus gekannt haben müssen, zeigten auch in Amerika ihren alten Unternehmungsgeist. Sie schickten im Jahre 1511 — von Amerigo Vespucci, der seine erste Fahrt schon 1497 mit dem kühnen Hojeda unternahm, ganz abgesehen — vereint mit Lissabonern in halbamtlicher Weise ein Schiff nach Brasilien und gaben diesem neuen Küstengebiet den Namen Brasilien.[6]) Schon im Jahre 1504 hatten französische Schiffe aus der Bretagne die stockfischreichen Gewässer Neufundlands besucht, daher hier der Name Cap Breton, und sogar Franz I, der lebenslustige König von Frankreich, betheiligte sich an den Entdeckungen, indem er 1524 Giovanni Verazzani ausschickte, welcher die Küste von Nordcarolina als Erster erforschte.[7])

Wie verhielten sich diesen Bestrebungen gegenüber nun die Venetianer und besonders die Deutschen, welche den europäischen Großhandel bis dahin beherrscht hatten? Sie blieben geradezu theilnahmlos! Und es scheint fast, als ob sie es im Gefühl ihres Reichthums damals noch als überflüssig ansahen, zur Aufsuchung der neuen Bezugsquellen für die kostbaren orientalischen Waaren irgend welche Anstrengungen zu machen.

Daß nämlich neben Florenz und Venedig Deutschland damals das reichste, kunstsinnigste und gewerbthätigste Land Europas war, unterliegt keinem Zweifel. Selbst neidische Italiener wie Aeneas Sylvius und Macchiavelli stellen Deutschland sogar über das reiche Florenz. Auch zeigen es die Möbel und Geräthe der deutschen Renaissancezeit unwiderleglich, daß mit dem Reichthum und der politischen Macht der Deutschen damals auch ihre künstlerische Thätigkeit gleichen Schritt gehalten hatte. Wenn wir es im Kunstgewerbe — ich erinnere an die überaus kostbaren Silberarbeiten des Meisters Eisenhut aus Warburg, die denen des Benvenuto Cellini nicht nachstehen, und an den Lüneburger Silberschatz — um 1540 mit den Italienern aufnehmen konnten, so marschirten wir in der Buchdruckerkunst und auch in Bezug auf die Technik in Metallwaaren damals geradezu an der Spitze der europäischen Nationen. Deutschland fertigte schon seit dem 13. Jahrhundert den besten Stahldraht; sein einziger Concurrent war Spanien, wo arabische Technik nachwirkte. Für Kanonen, Flinten und andere Waffen war Deutschland damals ebenfalls maßgebend: es versorgte die Engländer noch bis um 1690 mit Musketen, den sogenannten Schnapphänsen, daher die ältere englische Bezeichnung Snaphounce für diese Waffe. Die Bombardiere, welche Magalhaes auf seiner kühnen Erdumsegelung begleiteten, waren meist Deutsche. Noch im Jahre 1588 galten letztere als die besten Artilleristen; Lübecker Constabler waren es, welche auf den englischen Schiffen die große spanische Armada in den Grund bohrten.[8]) Erst in neuster Zeit kehren wir, freilich mit weit geringeren Geldmitteln, zu dem Kunststil jener Periode zurück, und suchen auch in der Technik den alten Rang wieder einzunehmen. Einer der gelehrtesten deutschen Kulturhistoriker, Sartorius (Gesch. des Bauernkrieges S. 27), sagt, freilich nicht ohne trübe Vorahnung: „Von jenem blühenden Wohlstande zur Zeit des Bauernkrieges können wir späteren Nachkömmlinge uns kaum einen Begriff machen; wir kannten ihn nie und werden ihn auch nie wiedersehen".

Trotzdem unser Landsmann Waldseemüller, durch dessen Unwissenheit die „Neue Welt" den Namen „Amerika" erhalten hat, schon im Jahre 1507 die „Vier Schifffahrten des Vespucci" unter dem gräcisirten Namen Hylacomilus lateinisch herausgab, scheint man sich von der thatsächlichen Wichtigkeit der neuen Entdeckungen in Deutschland damals doch keine rechte Vorstellung gemacht zu haben. Und bald darauf erstickte der heiße Kampf um die ideellen Güter, den Luther in größere Kreise trug, das Interesse für die materiellen Interessen derartig, daß man zu energischen praktischen Schritten gar nicht kam. Nur ein dunkles Gefühl war bei den Hanseaten vorhanden, daß, seitdem durch Heinrich den „Seefahrer" Lissabon das Centrum des europäischen Waarenmarktes zu werden anfing, man mehr nach Westen hin eine gute Hafenanlage und Handelsverbindungen suchen müsse. Daher knüpfte man bald nach 1500 eine engere Handelsverbindung mit Portugal und von hier aus auch die Beziehungen zu Marokko an, von denen Leo Africanus[9]) spricht; daher ging man auch daran, das große hanseatische Comtor für die Niederlande zu Brügge, wo es keine gute Seelage hatte, nach Antwerpen zu verlegen, brauchte aber seit 1516 fast 50 Jahre zu Verhandlungen darüber. Kein einziges Seeschiff sandten die Hanseaten in die fernen Erdtheile, obgleich sie damals die besten Schiffbauer und Seeleute waren! Sie hatten alle Rührigkeit, alle Kraft der Initiative verloren, und an die Stelle ihres früheren Princips des schneidigen Handelns trat fortan das des Verhandelns, die Signatur der Schwachmüthigen.

Der Großhandel hatte sich inzwischen von Lissabon theilweise nach Antwerpen und den Niederlanden gezogen; diese letzteren hatten den Hanseaten schon vorher das wichtige Rußland abgenommen. Auch Schweden emanzipirte sich unter Gustav Wasa bald vom deutschen Einfluß, so daß den Hanseaten, die 1598 auch noch den Londoner Stahlhof und ihre Handelsvorrechte in England verloren, schließlich kein Hinterland mehr übrig blieb als Deutschland selbst. Und auch dieses nicht einmal mehr! Süddeutschland war nämlich inzwischen in einem wichtigen Handelszweige ein gefährlicher Nebenbuhler der Hansa geworden. Schon 1512 wurde auf einem Hansetage [10]) geklagt, daß die Fugger und die sogenannte Große Augsburger Handelsgesellschaft zu Antwerpen im Tauschhandel bedeutend seien. Die Antwerpener poussirten nämlich die Süddeutschen aus Neid gegen das hanseatisch gesinnte benachbarte Brügge, wo von altersher das niederländische Hauptcomtor der Hansa war; ähnlich verfuhren andere niederländische Städte. Zu Lissabon waren um 1500 die Süddeutschen den Hanseaten in der Erwerbung von Handelsvorrechten sogar voraus; die letzteren folgten jenen darin erst nach [11]).

Seit 1512 zog man, wie soeben bemerkt, von seiten der Hanseaten in Erwägung, ob das hanseatische Comtor in Brügge bleiben solle. Außer den handelspolitischen Gründen wirkte dabei der Umstand mit, daß der immer flacher werdende Zwyne, der Brügge mit dem Meere verband, die größeren Schiffe nicht mehr zu tragen vermochte. Da erbot sich neben anderen niederländischen Plätzen die Seestadt Middelburg, vor der Scheldemündung gelegen, im Jahre 1518 dazu, der Hansa die größten Vortheile zu gewähren, wenn diese ihr Hauptcomtor nach Middelburg verlegen wolle. Aber man benutzte das günstige Anerbieten nicht, welches doch durch die gute Seelage der Stadt sich von selbst empfahl; sondern man war thöricht genug zu glauben, daß das Comtor gerade in das Gebiet des gefährlichsten Concurrenten gelegt werden müsse, der dasselbe gar nicht einmal gern haben wollte: nämlich nach Antwerpen. So verhandelte man denn mit Rath und Schöppen von Antwerpen von 1516 bis 1563 um die Gründung eines hanseatischen Niederlagshauses; 1564 wurde der Grundstein zu demselben gelegt [12]) und da war es zu spät.

Die Lübecker waren bei diesen Verhandlungen am thätigsten gewesen. Sie ahnten die große Gefahr, die ihrer Stadt drohte, wenn sie als Grund ihrer Bemühungen anführten: „Der Handel ziehe sich jetzt immer mehr nach Westen." Geradezu thöricht urtheilten aber die Danziger in dieser Frage [13]): „Wenn der Handel in den Niederlanden früher nichts gebracht habe, so werde er jetzt erst rechts nichts bringen, wo der russische, schwedische und dänische Monopolhandel schon verloren sei!" Hiernach scheint es, als ob die überseeischen Entdeckungen der Portugiesen und Spanier für die großen deutschen Kaufherren zu Danzig gar nicht vorhanden gewesen sind, da es doch ganz klar ist, daß gerade durch überseeische Unternehmungen und im Westen Ersatz für das in Osteuropa verlorene Gebiet hätte gesucht werden müssen.

Zu der geringen Energie der damaligen Hanseaten und dem Mangel an großem kaufmännischen Blick kam das pedantische Festhalten am unglücklichen Niederlags- und am Stapelrecht, der primitivsten und ungeschicktesten Form des Schutzzolles für den deutschen Kaufmanns- und Handwerkerstand des Mittelalters. Zuerst einige Bemerkungen über das Niederlagsrecht.[14]) Wenn ein Ort mit diesem Vorrechte begabt war, dann durfte niemand an demselben vorbeihandeln; alle durchgehenden Waaren mußten vielmehr an ein Handelshaus des betreffenden Ortes gewiesen und durch dessen Besorgung ausgeladen, zur öffentlichen Wage geschafft, darauf in andere Gefäße oder auf andere Frachtwagen gebracht und durften nun erst weiter an den Ort ihrer Bestimmung gebracht werden. Das Stapelrecht war fast noch härter, involvirte noch ein Vorkaufsrecht der Bürger, weil alle „durchgehenden" Waaren an dem betreffenden Orte eine bestimmte Zeit zum Verkaufe ausgelegt werden mußten. So besaß z. B. Frankfurt a/O schon durch seine Gründungsurkunde von 1253 — der ältesten berlinischen Originalurkunde, welche das Archiv von Berlin[15]) besitzt — das Niederlagsrecht für die Oder. Nun erhielt es im Jahre 1511 mit kaiserlicher Bewilligung durch den Kurfürsten Joachim I Nestor auch noch das Stapelrecht für die Warthe, d. h. es mußten alle Waaren, die aus Polen über Landsberg die Warthe entlang in die Oder und nach Stettin bestimmt waren, erst ungefähr 5 Meilen die Oder aufwärts nach Frankfurt gebracht und hier feilgeboten werden, ehe sie nach Stettin oder anderwärts weitergingen. Ein solches Stapelrecht galt auch für das hanseatische Kaufhaus zu Brügge, zu Bergen und zu London für alle hanseatischen Schiffe, welche Waaren für die Niederlande, Norwegen und England führten. Dieselben mußten also, ehe sie z. B. in Antwerpen oder Middelburg ausluden, wohin ihre Waare eigentlich designirt war, erst in Brügge anlegen. Ich will es übrigens nicht unerwähnt lassen, daß diesem schwerfälligen Verfahren im allgemeinen ein gutes Princip zu Grunde lag, nämlich: die Güte der zu exportirenden Waare zu prüfen. Wenn dieser Gedanke bei der Hanse auch nicht immer voll zum Ausdruck kam, so lag er doch vor. Er wurde damals z. B. in

Florenz [16]) mit peinlichster Strenge durchgeführt, um einem Rückgang des Waarenumsatzes im Auslande vorzubeugen.

Die Stapelfrage wurde schon um 1500 eine brennende. Ein Theil der hanseatischen Städte war z. B. für die Aufhebung des Stapelrechts von Brügge; diese meinten mit Recht, die Waare könne die daraus entstehenden Unkosten nicht tragen; ich bemerke hierzu, daß das, was damals das Stapelrecht wirkte, für uns jetzt die deutschen Eisenbahntarife thun. Ich mache darüber hier vorläufig folgende vergleichende Angaben, die ich später näher begründen werde, um zu zeigen, daß wir heute an ähnlichen Schwächen, wie um 1500, kranken.

Der billigste Frachtsatz [17]) bei Waggonladungen von mindestens 10,000 kg ist pro km und Tonne (= 1000 kg):

1. Deutsche und ausländische Frachtsätze (in Pfennigen).

Land resp. Station	Chicago-Newyork	Neapel-Bari	Berlin-Bari	Berlin-Hamburg	Hamburg-Leipzig	Bremen-Halle
pro km und Tonne	1,2	3,4	3,8	6,5	6,6	6,9

Die Differenzen in diesen Zahlen bedürfen kaum eines Commentars; sie sind haarsträubend. Bei dem jetzigen deutschen „System" muß ein Verkehr nach dem andern der deutschen Nordroute verloren gehen, und es sind z. B. die südösterreichischen und ungarischen Frachten auf die adriatischen Häfen gewiesen, denen sie sich auch immer mehr zuwenden.

Andrerseits werden den belgisch-niederländischen Häfen gegenwärtig durch deutsche Eisenbahnpolitik Importe zugeschoben, ja aufgedrängt, die Hamburg verlieren soll. Durch verschiedene rheinische Eisenbahnen ist nämlich der billige Tarif ab Hamburg (für Bremen seltsamerweise nicht!) nach folgenden Orten hin pro 100 kg vom 15. Februar 1881 ab erhöht und gleichzeitig ab Amsterdam nach denselben Orten **niedriger** angesetzt worden:

2. Fracht ab Hamburg nach	Tarif vom 1. März 1880 in Mark	Tarif vom 15. Febr. 1881 in Mark
Köln	1,61	2,40
Dortmund	1,32	1,74
Düsseldorf	1,46	1,86
Wesel	1,32	1,68
für Palmöl:		
ab Hamburg nach Niederrhein	1,68	2,50
ab Amsterdam nach Wesel, Düsseldorf und Köln ...		1,60

Das Palmöl ist ein Hauptstapelartikel Hamburgs, der Verlust dieser deutschen Seestadt der begünstigten niederländischen Seestadt gegenüber also ein großer.

Fälle, daß deutsche Eisenbahntarife sehr niedrig sind, dürften nur wenige zu finden sein. Einen kenne ich und dieser zeugt wieder von großem Ungeschick der deutschen Production gegenüber. So hat (vgl. Prof. Richter-Tharandt in der Sitzung des deutschen Landwirthschaftsraths vom 17. Januar 1881) der weltberühmte Zwiebelbau bei Borna (in Sachsen) sehr gelitten, weil die concurrirende Gegend von Szegedin in Ungarn in Folge niedriger Tarife ihre Zwiebeln billiger nach Hamburg bringen konnte als Borna, obgleich sie ungefähr zweimal soweit von Hamburg entfernt ist, als Borna.

Diese Planlosigkeit im deutschen Tarifwesen schadet hiernach sowohl den deutschen Seestädten, wie der Production im inneren Deutschland. Sie ist im höchsten Grade zu beklagen: sie bewirkt nächst anderen Uebelständen jetzt ungefähr das, was vor 400 Jahren das deutsche Stapelrecht. Die Thatsache ist um so trauriger, als Deutschland jetzt ähnlich wie um 1500 vor einer entscheidenden Veränderung der internationalen Großhandelsverhältnisse steht und weil jeder Fehler, jetzt gemacht, sich doppelt rächen muß.

Ein Genie wie der Nordamerikaner Vanderbilt muß kommen, um für Deutschland den gordischen Knoten zu lösen: oder aber wir verhandeln, wie die Hanseaten ehrbaren Andenkens mit Antwerpen verhandelt haben, und der Verkehr hat dann inzwischen andere Bahnen gesucht.

In den genannten Tarif-Zahlen der Tabelle 1. liegt auch die Erklärung für die immer mehr hervortretende Unfähigkeit der deutschen Producte, auf dem Weltmarkte mit den großen Culturstaaten der Gegenwart zu concurriren, worüber später mehr! Dazu kommt, daß ähnlich wie zur Reformationszeit das große deutsche Publikum, dessen Kopf durch allerhand innere Partei- und Streitfragen benommen ist, von denen die anderen Culturvölker in solchem Umfange wie wir nicht Notiz nehmen, mit dem traurigen Stande der Dinge gar nicht einmal bekannt ist und am liebsten gar nichts davon wissen will.

Trotz eifriger Verhandlungen blieb es 1501 in Betreff des Stapelrechts übrigens beim Alten; man nahm sich an den freiheitlichen Usancen der Niederländer, welche den Stapelzwang nicht kannten und eben deshalb so emporblühten, kein Beispiel. Die Folge davon war, daß die strengen Bestimmungen der Hanse bald massenhaft von Hanseaten selber übertreten wurden, daß diese ganz einfach Brügge wie Bergen umgingen und dabei ohne Scheu schmuggelten.[18])

Es ist übrigens höchst interessant, zu beobachten, wie schnell schon damals, wo es noch keine Eisenbahnen und keine Zeitungen gab, das Bedürfniß nach freiheitlicher Gestaltung des Handels bei den verstocktesten Anhängern des alten Systems zum Durchbruch kam. Sogar das schon erwähnte zopfige Danzig giebt dafür ein schlagendes Beispiel. Auf dem Hansatage vom Jahre 1501 waren die sächsischen Hansestädte für Aufhebung oder doch Milderung des Stapelzwanges, die wendischen Städte aber, sowie Cöln, Münster und Danzig waren dagegen und zwar mit Erfolg. Aber schon 1507, also in 6 Jahren, sahen die Danziger ein, daß das Stapelrecht denn doch nicht mehr haltbar sei und sprachen sich auch in diesem Sinne aus.[19]) So schnell und empfindlich traten in wichtigen Phasen der Großhandelsbewegung — und in einer solchen befand sich Deutschland nach 1500 und nach 1870 — die Folgen verkehrter Handelspolitik ein. Ein ernster Mahnruf liegt in diesem Gesichtspunkt: nach 1500 war es Amerika als Land der Rohproduction, seit 1874 ist es Amerika als Land der Roh- und Industrieproduction, welches eine der großartigsten Revolutionen, die je in der Weltgeschichte vorgekommen sind, für Deutschland wie für das übrige Europa handelspolitisch herbeigeführt hat.

Zu dem halsstarrigen Festhalten der Hanseaten an unzeitgemäßem alten Zwang gesellte sich, abgesehen von dem Uebel des Zwiespaltes unter den einzelnen Städten, eine ganz außerordentliche Schlaffheit in der Verwaltung. Die Urkunden, welche die Hanse über ihre Vorrechte in Portugal erhalten hatte, konnte man schon einige Jahre später[20]) nicht mehr finden und aufweisen. Trotz dieser Vorrechte machte man in Portugal doch keine Geschäfte und die Kassen der großen Comtore hatten meist Ebbe. Das resultirte zumeist aus dem Druck des Stapelzwanges, Beweis genug, daß eben die Unfreiheit der Handelsbewegung bei den Hanseaten eine Hauptursache ihres Verfalls gewesen ist, die sehr schwer wog neben den Wirkungen des Falles von Nowgorod im Jahre 1487, der Verschiebung der Werthverhältnisse nach 1500 durch die Edelmetalle Amerikas und der Theilnahmlosigkeit gegenüber den überseeischen Entdeckungen.

Wie behandelte man nun deutscherseits die Handelsstraßen via Venedig-Deutschland, diese so wichtigen Verkehrsadern des mittelalterlichen Großhandels, in der entscheidenden Zeit nach 1500? Wenn es nämlich vielleicht schon um 1500 vielen Einsichtigen unzweifelhaft sein mochte, daß infolge der Entdeckungen des Columbus und Vasco da Gama der bisher so lebhafte orientalische Verkehr über Astrachan-Nowgorod nach und nach abnehmen mußte, so blieb ja die Straße Alexandria-Venedig-Deutschland immerhin noch wichtig genug. Auf Billigkeit des Transportes kam es dabei natürlich in erster Reihe an, weil der billige Seetransport nach Lissabon dazu drängte.

Aber trotzdem legte man von Seiten der deutschen Regierungen auf diesen Gesichtspunkt nicht das rechte Gewicht. Denn gerade jetzt wurden noch Zölle auf Straßen gelegt, die dem alten Gange des Welthandels dienten und die man wegen dessen Gefährdung lieber hätte entlasten sollen. Ich habe dabei den Lenzener Zoll an der Straße Magdeburg-Hamburg im Auge. Im Jahre 1543 belegte nämlich der Kurfürst Joachim II. von Brandenburg alle nach Hamburg gehende oder von Hamburg kommende Waare auf Grund kaiserlicher Erlaubniß mit einem Zoll. Die verschiedene Höhe des Ertrages von diesem Zoll ist übrigens ein interessanter Werthmesser für den bedeutenden Rückgang der Waarenbewegung durch Deutschland von 1550 bis 1612. Während der Lenzener Zoll um 1550, wo die Entdeckung des Seeweges nach Ostindien ihren Einfluß noch nicht voll übte, an 25,000 Dukaten einbrachte, war er im Jahre 1612 auf weniger als den dritten Theil gesunken, denn er betrug damals nur noch 20,000 Thaler,[21]) ohne daß ein Krieg ihn beeinträchtigte. Ich bemerke dazu nochmals, daß in der Gegenwart die hohen Eisenbahntarife nach den deutschen Nordseehäfen unserem Handel ähnliche Fesseln anlegen, wie die Zölle des Mittelalters.

Weit bedeutsamer als der Lenzener Zoll und die ihm verwandten Verkehrshemnisse in Deutschland wirkte für den orientalischen Handel über Alexandria nach Europa die Eroberung Aegyptens durch die Türken im Jahre 1517. Stupider und barbarischer ist niemals gegen die Interessen des Handels und der Production verfahren worden, als von diesen fanatischen Verehrern des Islam, die endlich im 19. Jahrhundert auf dem Aussterbeetat stehen, nachdem sie im Verlauf von fast 4 Jahrhunderten Nordafrika und ganz Westasien wirthschaftlich ruinirt haben. Die Türken bestimmten nach der Eroberung Aegyptens Folgendes: Schiffe, welche von Calicut nach Aegypten kamen, mußten als den dritten Theil der Ladung Pfeffer haben. Sie waren gehalten Dschidda am arabischen Gestade des rothen Meeres anzulaufen und schon hier vom Werthe der Ladung 10 Procent zu geben. Dann durften sie nach Sues fahren, wo sie wieder einen Zoll von 5 Procent erlegten. Nun kam der Gütertransport durch die ägyptische Wüste. Derselbe war Monopol der Regierung, welche für jede Kamelladung einen acht Mal höheren Frachtpreis nahm, als die gewöhnlichen Kameltreiber. Wenn dann Venetianer und andere Kaufleute in Kairo Pfeffer kauften, so hatten sie der Regierung vorab 350 Pfund dieser Waare abzunehmen und dafür 20 Procent über den Marktpreis zu zahlen: dann erst durften sie mit den Händlern, welche von Calicut kamen, in Verbindung treten. Die Waare derselben war in Kairo wieder mit einem Zoll, 5 Procent vom Werthe, belegt. Gelangte sie endlich in Alexandria zur Verschiffung, so zahlte sie nochmals einen Zoll, abermals 5 Procent, und zwar mußte ihn sowol der Käufer wie der Verkäufer erlegen. [22]) Kein Wunder daher, daß die Portugiesen, welche auf dem Seewege um Südafrika derartige Belästigungen nicht kannten, die orientalischen Gewürze weit billiger abgeben konnten, als die Venetianer und die Deutschen, und daß Lissabon und Antwerpen an die Stelle von Venedig und Lübeck-Hamburg traten. Möge diese historische Thatsache, daß lediglich billige und dabei selbstverständlich gute Waare immer die Concurrenz aus dem Felde schlägt und den Massenumsatz begünstigt, bei der baldigen Reform der deutschen Eisenbahntarife recht schwer in das Gewicht fallen.

Noch ein anderer Umstand drängte übrigens den Verkehr von Venedig weg nach Westeuropa. Es war dies die durch die ansteckenden Pestkrankheiten des Orients schließlich nothwendig gewordene und zuerst im Jahre 1484 zu Venedig eingerichtete Quarantäne, die allen Verkehr lähmte. [23])

Wenn Venedig trotzdem und trotz seines geringen Landgebietes noch bis um 1600 in der großen Politik Europas eine gewichtige Rolle spielte, so hatte das seinen Grund nicht mehr im Reichthumerwerb durch Speditionshandel. Venedig war nämlich keineswegs eine reine Handelsstadt geblieben, sondern es hatte zu seinem Glück für das Verlorene einigen Ersatz in seiner damals blühenden Industrie. Es producirte bedeutend in: Scharlachtuch, Seidenweberei, Glas und Spiegeln, Waffen und Baumwollwaaren. Ohne diese feineren Industrien wäre die stolze Lagunenstadt wohl schon um 1600 so verfallen gewesen, wie gegenwärtig, wo sie in ihrer Oede einer Ruine gleicht.

Die freien Niederländer brachten als Concurrenzplatz für das spanisch gebliebene Antwerpen nach 1600 das vorher ganz unbedeutende Amsterdam schnell zu hoher Blüthe. Mächtig wirkte dabei im Gegensatz zu Deutschland die freiheitliche Gestaltung des Verkehrs und sodann der Erwerb von Colonien, den Deutschland verabsäumt hatte. Denn bekanntlich bemächtigten sich damals unsere Landsleute im Mündungsgebiete unseres Rheines im Kampfe mit Spanien, das 1580 Portugal annectirt hatte, glücklich verschiedener ostasiatischer Landstriche und

Inseln. Um 1652 siedelte sich ein Holländer auf dem Grund und Boden der heutigen Capstadt an, an einem Punkte, dessen Wichtigkeit die Portugiesen nicht geahnt hatten. Die Holländer blieben vorzugsweise Spediteure ostasiatischer Erzeugnisse; denn ihre Industrie in der Eisenbranche und in der Keramik lieferte zwar Gutes — ich erinnere an das noch heute sehr werthvolle Delfter Steingut —, zu einer wirklichen Massenproduction erhoben sie sich aber nie.

II.

Der Uebergang des Großhandels und der Großindustrie von Deutschland nach England.

In der Massenproduction kamen die Engländer den Holländern bald zuvor und London wurde schnell der siegreiche Concurrent von Amsterdam. Lissabons Handel sank inzwischen immer mehr. Diese Stadt konnte schon wegen der allgemeinen geographischen Verhältnisse auf die Dauer mit Amsterdam und London nicht in die Schranken treten. Sie liegt an dem einen Ende, diese beiden Städte dagegen liegen in der Mitte der atlantischen Küste Europas, können also ein größeres Absatzgebiet weit leichter beherrschen. Dazu kam, daß diese letzteren bedeutende Industrieländer hinter sich hatten — für Holland ist ja Deutschland das eigentliche Hinterland! —, was bei Lissabon durchaus nicht der Fall war.

Die Königin Elisabeth von England legte während ihrer langen Regierung (1558 – 1603) den Grund zur englischen Seemacht, zunächst aber nur zur Kriegsmarine, nicht, wie oft gesagt wird, zur Handelsmarine. Im Jahre 1588 schlugen die Engländer die spanische Armada, 1589 nahmen sie am Ausfluß des Tajo sogar 60 hanseatische Schiffe weg, weil sie Spanien Zufuhr brachten, und gaben sie nicht wieder heraus: [24]) ein deutlicher Beweis für die völlige Ohnmacht der Hanse damaliger Zeit. Durch ihre Admirale Drake, Raleigh u. A. ließ Elisabeth die entferntesten Meere aufsuchen und die Erde umsegeln. In kurzsichtiger Politik schloß Kaiser Rudolph II von Deutschland, der sich im Schlepptau seines Großvaters, Philipp's II, befand, im Jahre 1597 die Factoreien einer großen, 1505 gegründeten englischen Handelsgesellschaft, der Company of Merchant Adventurers, in allen deutschen Landen. Weiter wünschte Elisabeth nichts. Sie schloß auf Antrieb Gresham's (welcher bekanntlich die Londoner Börse gegründet hat) sofort 1598 den deutschen Stahlhof zu London und befahl allen Hanseaten, England binnen 14 Tagen zu räumen. Im Jahre 1601 erfolgte dann die Gründung der ostindischen Compagnie. Diese berühmte Handelsgesellschaft erhielt von Elisabeth das Privileg des Alleinhandels nach allen, von keiner europäischen Macht schon besetzten Ländern und Plätzen jenseit des Caps und der Magalhaes-Straße; sie erwarb bekanntlich nach und nach Ostindien.

So kehrte England, nachdem es bis dahin freihändlerisch gewesen war, mit der Ausschließung der Deutschen und den darauf folgenden Maßregeln zunächst und naturgemäß zu einer schutzzöllnerischen Handelspolitik zurück, um erst in neuester Zeit, wo seine Industrie und sein Handel auf feste Grundlagen gestellt sind, wieder freihändlerisch zu werden. Wirthschaftlich ist der naturgemäße Entwickelungsgang aller Industrievölker ein ähnlicher gewesen.

Von größter Wichtigkeit für die Hebung der englischen Handelsflotte — eine solche fehlte den Engländern eigentlich noch — waren die Bestrebungen Cromwells. Dieser handelte im strengsten Sinne des Wortes schutzzöllnerisch, als er im Jahre 1651 die sogenannte Navigationsacte durchsetzte und so die Holländer, welche den überseeischen Handel Englands damals völlig in Händen hatten, aus letzterem verdrängte. Die Navigationsacte bestimmte nämlich: daß fremde Schiffe nur Naturprodukte und Gewerbserzeugnisse desjenigen Landes, dem sie angehörten, nach England bringen durften, daß aber auch diese Schiffe in einem englischen Hafen gebaut, von einem englischen Kapitän befehligt und zu zwei Drittheilen mit englischen Matrosen bemannt sein mußten; ferner, daß kein fremdes Schiff eine Rückfracht aus England mitnehmen durfte. Die Generalstaaten von Holland, gegen welches diese durchaus schutzzöllnerische Maßregel gerichtet war, fingen 1652 deshalb Krieg mit England an, vermochten durch denselben jedoch nicht, eine Aenderung herbeizuführen. — Cromwell begünstigte auch die Erwerbung von Colonien. Er faßte im tropischen Amerika festen Fuß, indem er 1655 den Spaniern Jamaica abnahm. In Nordamerika waren schon seit Elisabeths Zeit zahlreiche Engländer ansässig, welche mit dem Mutterlande in lebhaftem Verkehr standen.

Die günstige Wirkung der überseeischen Handelsverbindung mit Ostasien und Amerika zeigte sich nun bald auch darin, daß England in der Industrie sich aufraffte, sich darin von Deutschland emancipirte und letzterem, dem es den Seeverkehr abgeschnitten, nun auch die Geheimnisse wichtiger Industrien ablauschte, ja geradezu stahl. Deutsche nämlich sind es gewesen, von denen die Engländer zwischen 1660 und 1700 den rationellen Schmelzungsproceß des Eisenerzes erlernten; Deutsche, von denen sie die Production des verzinnten Eisenbleches und der Nähnadeln kennen lernten; Deutsche, von denen sie die

Fabrikation der Flinten entnahmen; Deutsche, denen sie die Geheimnisse der Keramik geradezu stahlen. Dazu kam in England das Princip der unbedingten Gewerbefreiheit, welches dem deutschen Zunftzwange gegenüber ebenso siegreich auftrat, wie um 1500 die freihändlerischen Tendenzen der Holländer gegenüber dem deutschen Stapelzwange. Zuerst und seit alten Zeiten ist jenes Princip der unbedingten Gewerbefreiheit zu Birmingham[25]) angewandt worden. Dasselbe hat diese Stadt großmachen helfen und fand in England weit eher als bei uns größere Verbreitung. Durch freiheitliche Bestrebungen auch auf dem Gebiete des Verkehrs zeichnete sich übrigens das englische Bürgerthum frühzeitig aus; das erweisen Bestimmungen, welche die Londoner Bürger schon in der Magna Charta von 1215 durchsetzten.[26])

Fassen wir zur Beleuchtung des Gesagten zunächst den Schmelzproceß des Eisenerzes in das Auge.

Simon Sturtewant[27]), ein Niederdeutscher, wird in den ältesten Patentlisten Englands als einer der ersten genannt, die sich bestrebten, einem billigeren Schmelzungsproceß in England Eingang zu verschaffen. Von ihm heißt es, er bewarb sich um das Patent, „alle Arten Erze, Eisen und Stahl mittelst Seekohle, Bergkohle, Erdkohle und Waldabfällen" zu schmelzen. Einen Erfolg haben zunächst weder er noch nach ihm andere Ausländer gehabt. Neu war aber sein Verfahren. Denn noch bis zu Elisabeths Zeit wurde beim Schmelzungsproceß des Eisenerzes nur Holz und nicht Steinkohle gebraucht. Um die Wälder bei London zu schützen, verbot diese Königin im Jahre 1581 sogar die Errichtung von Eisenwerken in der Nähe der Themse. Die Anregung, welche die Deutschen gegeben, fand aber in England fruchtbaren Boden. Es machten sich bald Einheimische an die Lösung der wichtigen Aufgabe. Im Jahre 1620 erhielt ein Mann aus den höchsten Hofkreisen, Lord Dudley, ein Patent auf Ausbringung des Eisens aus Erzgestein mittels Steinkohle statt Holzkohle und er brachte auf diesem Wege wirklich billigere Waare als nach dem früheren Verfahren auf den Markt. Aber die Feindseligkeiten der Gewerbsgenossen und die politischen Kämpfe unter Karl I (Stuart) ruinirten ihn. So dauerte wegen des schlechten, weit theureren englischen Eisens der Import besonders holländischer Eisengußwaaren fort. Erst 1706 kam Abraham Darby, der Sohn eines Farmers auf den Dudley'schen Besitzungen, nach vergeblichen Versuchen in Holland selbst hinter das Geheimniß des Eisengusses, worauf er 1709 ein Patent zum Eisenguß und zum Herstellen von hohler Eisenwaare, Eisentöpfen und anderem Geschirr erhielt.

Höchst charakteristisch für die übergroße Gutmüthigkeit der damaligen Sachsen ist die Uebertragung der Fabrikation verzinnter Eisenbleche von Deutschland nach England. Der Engländer Andreas Yarranton [28]) berichtet eingehend darüber. Derselbe lebte zu Cromwells Zeiten ein sehr bewegtes Leben als Krieger, Politiker, Schriftsteller und Industrieller. Nachdem er im Jahre 1652 ein Eisenwerk in Worcestershire angelegt hatte, versuchte er, verzinntes Eisenblech, welches damals fast ausschließlich aus Sachsen nach England kam, in seiner Fabrik herzustellen. Sachsen nämlich war zu jener Zeit der Hauptabnehmer für englisches Zinn, um es zu Blech zu verarbeiten und so nach England zurück zu bringen. Der Gedanke, diese unwirthschaftliche Abnormität zu beseitigen, lag nahe genug. Aber es fehlte an den nöthigen Kenntnissen dazu in England. Es blieb daher nichts übrig als, wie auch Abraham Darby später gethan, das Fabrikationsgeheimniß im Productionslande selbst auszukundschaften. Ich hebe aus Yarrantons Erzählung über seine Kundschaftsfahrt nach Sachsen Folgendes hervor: „Es war beschlossen worden", schreibt er, „daß von mehreren Gönnern das erforderliche Geld sollte vorgestreckt werden für die Reise nach jener Gegend, wo solche Bleche gemacht wurden und von wo ich die Kunst ihrer Fabrikation holen sollte. Ein guter Heizer, der sich auf die Behandlung des Eisens verstand, wie auch ein gewandter Dolmetsch, welcher der deutschen Sprache mächtig war und der lange Zeit selber in Blech gehandelt hatte, begleiteten mich. Wir gingen erst nach Hamburg, dann nach Leipzig, von da nach Dresden, wo wir Kunde erhielten von den Ortschaften, wo solches Blech erzeugt wird."

Yarranton erzählt nun weiter, er sei in den betreffenden sächsischen Fabrikdistrikten sehr entgegenkommend aufgenommen worden und man habe ihm wider Erwarten nicht nur die ganze Fabrikationsmethode des Blechwalzens resp. Verzinnens gezeigt, sondern ihm überdies gestattet, eine Anzahl geschickter Arbeiter zu engagiren, um sie nach England zu bringen und dort eine ähnliche Fabrik einzurichten. Die letzteren Angaben sind eigentlich fast unglaublich. Wo wird jemals unter gewöhnlichen Umständen ein Fabrikant den künftigen Concurrenten in seine industriellen Geheimnisse einweihen? Jedenfalls stammt die in England nachmals so mächtig entfaltete Industrie in Weißblech aus Sachsen. Dieselbe beschäftigt in Süd-Wales und Nord-Wales, in Monmouthshire, Worcestershire und Staffordshire gegenwärtig mehr als 18,000 Arbeiter und hat es auf eine Jahresproduction von etwa 1·200,000 Kisten Zinnblech gebracht. Der Export dieser Waare, meist nach Nordamerika, Frankreich und Australien gerichtet, stieg[29]) bis:

3. 1870	auf 1·997,000 Ctr.	Werth: 47·260,000 Mark
1871	„ 2·392,000 „	„ 58·020,000 „
1873	„ 2·413,000 „	„ 79·160,000 „

In Sachsen ist die Production von Zinnblech im Großbetrieb völlig ausgestorben. Leider ist die deutsche Statistik noch nicht so weit d. h. so praktisch, wie die englische; sie hält sogar in ihren auf amtlichen Zahlen beruhenden Publikationen das Schwarz- und Weißblech nicht auseinander; ich kann daher auf Grund von Dr. Engels[30]) Mittheilung nur folgende Uebersicht über die Stärke beider Industrien (und incl. der Klempnereien!) geben:

4. Land:	Betriebe:		Zahl der Arbeiter:		
	Klein-	Groß-	in Klein-	in Groß-betrieben	überhaupt
Sachsen........	9	—	20	—	20
Elsaß-Lothringen	10	1	16	28	44
Preußen.......	24	9	56	2480	2536
Deutsches Reich.	43	10	92	2508	2600

In der größeren Schwarz- und Weißblechbranche stehen also in Deutschland nur 2600 Arbeiter den 18,000 englischen Arbeitern der Weißblechbranche allein gegenüber. Die wichtigste, allerdings schwierigere Angabe: 1. über die producirte Masse, 2. über den Werth derselben, 3. über den Export derselben, hat Dr. Engel zu machen auch unterlassen, so daß nach dieser Seite hin ein Vergleich mit den englischen Angaben ebenfalls nicht anzustellen ist. Nur das ergiebt sich aus der Zahl der Arbeiter, daß die deutsche Weißblechproduction sehr tief unter der englischen steht.

Auch in der Nähnadelfabrikation sind die Engländer bei deutschen Meistern in die Lehre gegangen. Schon im 14. Jahrhundert zeichnete sich Nürnberg durch die Kunstfertigkeit aus, Nähnadeln aus Stahl zu erzeugen, und bis um 1650 wurde Stahl-, Eisen- und Metalldraht aus Deutschland, dessen einziger Concurrent früher Spanien war, nach England importirt. Erst im Jahre 1656 bildete sich zu London die Innung der „Nadelmacher" (needle makers), aber es mußte trotzdem im Jahre 1667 ein Deutscher Namens Elias Krause[31]) nach London berufen werden, um die dortigen Zunftgenossen in das

Geheimniß der besseren deutschen Nadelfabrikation einzuweihen. Da nun ein Hauptersforderniß der letzteren ein guter Stahldraht ist, so wurde eine kleine Colonie sächsischer Arbeiter zur Uebersiedelung nach England bewogen. Die englische Nähnadelindustrie concentrirt sich jetzt besonders in Worcestershire und Warwickshire; die Zahl der Arbeiter, deren diese Art der Fabrikation sehr wenig bedarf, beträgt ungefähr 4700, wovon 2100 weibliche sind. Deutschland steht — abgesehen von Sachsen, wo nur noch ein einziger Betrieb einer Person vorhanden ist — hierin England wenig nach. Es hat [32]):

5. Das Land	Kleinbetrieb	Großbetrieb	Zahl der Arbeiter
Sachsen	1	—	1
Hessen	1	1	18
Bayern	5	2	139
Sachsen-Coburg-Gotha	—	1	422
Preußen	21	36	3398
Deutsches Reich	28	40	3978

In der Gewehrfabrikation war Deutschland bis um 1690 ebenfalls groß und es hatte bedeutenden Export nach England. Als König Wilhelm III von England, der von 1688—1702 regierte, eines Tages zu seiner Umgebung sich darüber beklagte [33]), daß er genöthigt gewesen sei, für den Feldzug gegen die Jakobiten (seit 1689) deutsche Gewehre zu kaufen, weil England leider keine solchen erzeuge, da trat Richard Newdigate, damaliges Parlaments-Mitglied für Birmingham, hervor und sagte: „Meine Wähler werden Euer Majestät Wünsche erfüllen!“ Newdigate reiste nach seinem Wahlbezirke und legte dem König bald eine Muskete, den Snaphounce (vom deutschen Schnapphans herstammend), von so vortrefflicher Construction vor, daß nach diesem Muster die ersten Armeelieferungen bestellt wurden.

In der Zeit der Napoleonischen Kriege, also kaum 100 Jahre später, lieferte Birmingham allein den Gegnern Napoleon's 2·673,400 fertige Gewehre, 3 Millionen Gewehrläufe u. s. w.: nun war es Deutschland, welches aus England bezog. Daß Deutschland noch in neuester Zeit die geringste Qualität in dieser Waare liefert, ist bekannt genug.

Nächst den Holländern, deren Kunstproducte, besonders das Delfter Steingut, seit Königin Elisabeth's Zeit in England außerordentlich gesucht waren, sind die Deutschen die Lehrmeister der Engländer auch in der Keramik gewesen, ja die letzteren haben ihnen die Geheimnisse der keramischen Kunst geradezu gestohlen. Porcellangeschirr, d. h.

nachgeahmt chinesisches, und kölnisches Steingut, überhaupt die feinere Waare konnte nämlich bis um 1688 von den englischen Töpfern nicht hergestellt werden. Nächst Delft, Granada und Córdova in Spanien, Sèvres bei Paris, China und Japan, lieferten Regensburg, Nürnberg, Baireuth und andere deutsche Plätze das bessere Geschirr nach England. Da ließen sich zwei Deutsche [34]), die Gebrüder Elers in Bradwell Wood bei Burslem in Staffordshire — damals wie heute der Mittelpunkt der britischen Thonindustrie — nieder, um ihre Kunst zu betreiben. Sie gingen dabei mit großer Heimlichkeit vor, vernagelten oder verdunkelten alle Fenster der Gebäude, stellten Kinder und die ungeschicktesten Leute, die nur aufzutreiben waren, als Arbeitsgehilfen an. Sie sollen sogar einen Blödsinnigen für die Drehscheibe verwendet haben, damit nur ja keine Kunde von ihrem neuen Brennverfahren unter die Leute komme. Die Elers'schen Erzeugnisse waren, wie die zahlreichen in verschiedenen Museen noch aufbewahrten Stücke darthun, gewiß die gelungensten Nachahmungen chinesischer, japanischer und sogenannter ägyptischer Thonwaaren, selbst von damaligen Zeitgenossen so hoch geschätzt, daß feine Theekannen z. B. mit 20 Mark pro Stück bezahlt wurden.

Allein nach vielerlei Ränken und Anfechtungen seitens der englischen Zunftgenossen sahen sich die beiden deutschen Töpfer genöthigt, ihr Etablissement von Burslem nach Chelsea bei London zu verlegen, wo dasselbe den Grundstock einer noch jetzt blühenden Kunstindustrie bildete. In Burslem selbst ließen sie auch nach ihrer Abfahrt einen nicht mehr zu verlierenden Schatz technischer Kenntnisse zurück, theils unter den Arbeitern im allgemeinen, theils unter den Meistern, welche in wenig lauterer Weise den neuen Fabrikationsproceß zu erspähen verstanden. Von dem Töpfer Samuel Astbury wird folgendes erzählt: Derselbe spielte in dem Elers'schen Etablissement zwei Jahre hindurch die Rolle eines förmlich Blödsinnigen, um, ohne Verdacht zu erregen, in alle Einzelheiten des dort angewandten Prozesses eingeweiht zu werden. Diesen Zweck im Auge behaltend, ertrug er selbst Mißhandlungen und unzähliche Demüthigungen, bis er, vollständig ausgelernt, Krankheit vorschützte, um aus der Anstalt entlassen zu werden, worauf er eine eigene Brennerei in Shelton errichtete, die in trefflicher Arbeit bald mit dem Mutterinstitute zu wetteifern vermochte. Dem Boden von Burslem entstammt auch Josua Wedgwood (geb. 1738), den man den König der englischen Kunsttöpfer nennen kann.

In Porcellan leisten die Engländer nichts Besonderes wegen Mangels an guter Porcellanerde. Dagegen wird z. B. Vorzügliches in Terracotta- und Basalt-Gut nach Wedgwood's Vorgange von ihnen geliefert. Die Töpferei-Gegend, der sogenannte Pottery-District im nördlichen Staffordshire, umfaßt $11^3/_4$ geogr. Quadratmeilen. In dem Orte Stoke-upon-Trent mit 140,000 Einwohnern sind allein 12,262 Töpfer thätig. Bedeutende Töpferei-Production hat allerdings Deutschland auch jetzt noch bei Metlach im Saarthal. Für Berlin ist eine Aufstellung von Zahlen über die keramische Production leider unmöglich, weil das statistische Jahrbuch der Stadt Berlin von R. Böckh für 1878 [35]) die Porcellanfabrikation mit der in Glas und Lehm (!) zusammenwirft. Ueber die Zahl der Betriebe und Arbeiter macht Dr. Engel [36]) specielle Angaben. Darnach arbeiteten 1875 in Preußen 21,676 Arbeiter in 427 Großbetrieben, von denen 1434 Pferdestärken in Dampf benutzt wurden, und in 6117 Kleinbetrieben; im ganzen deutschen Reiche 35,217 Arbeiter in 611 Großbetrieben (mit 1994 Pferdestärken in Dampf) und 11,691 Kleinbetrieben. Eine klare Uebersicht über die Bedeutung und den Werth dieses Productionszweiges gegenüber der außerdeutschen wird aber damit allerdings nicht gewonnen.

Die angeführten Beispiele genügen, um zu zeigen, mit welcher Schnelligkeit bis um 1700 die wichtigsten deutschen Industrien auf die Engländer übergingen. Diese wußten ihrerseits dieselben durch ihr Kapital, sowie durch geschickte Colonialpolitik und eine unverwüstliche Energie derartig weiter zu entwickeln, daß englische Industrieerzeugnisse seitdem in fast allen Branchen denen der Deutschen und Italiener, die vordem den Weltmarkt beherrschten, sowohl in der Güte der Waare als in der fabricirten Menge überlegen blieben.

Ferner ergeben sich als Resultat unserer Darlegung folgende wichtige Grundsätze für die Handelsgeographie:

1. Großindustrie ist ohne Welthandelsbestrebungen nicht möglich, und da, wo der Welthandel einer Nation zurückgeht, geräth auch die Industrie bald in unaufhaltbaren Verfall.

2. Wo im Mutterlande keine Großindustrie und dennoch bedeutender Welthandel besteht, ist letzterer nur als das Product vorübergehender günstiger Verhältnisse anzusehen.

3. Wo dagegen ein Volk zur See stark ist, treibt auch die Industrie bald zur Blüthe.

Für den ersteren Gesichtspunkt ist der Verfall von Florenz, Venedig und Deutschland bis 1700 maßgebend.

Für den zweiten Gesichtspunkt Portugal und Spanien seit 1500. Auch Holland, so seltsam es klingt. Hollands Handelsblüthe hält zwar noch an, aber sie ist eine künstliche. Denn sie beruht auf deutschem Hinterlande und Holland muß bei naturgemäßer Entwickelung der historischen Verhältnisse unfehlbar einst demjenigen mächtigen Lande wieder anheimfallen, dem es als Alluvialland die Mündungen seines Hauptstroms besetzt hält: und das ist Deutschland.

Für den dritten Gesichtspunkt sind England und Frankreich seit 1600 beweisend; in neuester Zeit, d. h. seit der Begründung des Zollvereins nach 1828 und seit den Anfängen einer freiheitlichen Entwickelung nach 1848, auch Deutschland, obgleich es seiner Machtentfaltung zur See noch immer an praktischen Zielen, weil an geeigneten Colonien für seine Auswanderer fehlt, welche jährlich über 20 Millionen Mark baares deutsches Geld in fremde Staatsgebiete tragen, das bei der jetzigen Lage der Dinge, wo Nordamerika selbst industriell fabricirt, unserer Industrie und agrarischen Production für immer entzogen wird.

Zweiter Abschnitt.

Deutschland

und die

überseeischen Productionsländer

der

Gegenwart.

III.

Die Bedeutung der überseeischen Productionsländer für Deutschland im allgemeinen.

Durch die überseeischen Entdeckungen seit Columbus und Vasco da Gama zogen sich, wie ich bisher zeigte, Großhandel wie Großindustrie sehr bald vom Südrande Europas und von Deutschland, wo sie bisher ihren Sitz gehabt hatten, weg und fanden schließlich eine neue dauernde Heimstätte in Holland und England. Diesen beiden Ländern gesellte sich frühzeitig Frankreich zu, als es durch Richelieu's Politik eine dominirende Stellung in Europa gewonnen hatte.

Aehnlich wie Deutschland erst in der Gegenwart, wo es zu einer imponirenden Machtstellung unter den Großmächten Europas gelangt ist, an überseeische Colonien zu denken beginnt — ich erinnere an das Samoa-Project —, hat Frankreich schon zu Richelieu's Zeit dieselbe Tendenz gehabt. Die größten französischen Staatsmänner, Richelieu und Colbert, sind im siebenzehnten Jahrhundert anderer Ansicht gewesen, als die Majorität des deutschen Reichstags im Jahre 1879. Jener legte unter manchen Geldopfern den Grund zu den französischen Colonien in Afrika — im Jahre 1626 zunächst am Senegal —, und Colbert gründete trotz seiner ängstlichen Sparsamkeit vier große Handelsgesellschaften für den Verkehr mit Westindien, Ostindien, Nordamerika und der Levante. Schon zu Colbert's Zeit begann der Zucker der französischen Antillen denjenigen Brasilien's zu verdrängen und es ist ein ganz falsches Argument, die französischen Colonien, zumal die afrikanischen, für den gegenwärtigen Handel Frankreichs als bedeutungslos hinzustellen.

Um die Verlegung des Schwergewichtes der europäischen Handelsbewegung nach Westeuropa zu vollenden, dazu half in neuster Zeit die Anwendung der Dampfkraft in der Industrie und im Seewesen, sowie die der Elektrizität für den Verkehr, welche gegenwärtig eine ähnliche Umwälzung des europäischen Wirthschaftssystems herbeiführt, wie um 1500 die Entdeckung Amerikas und Ostindiens und die Einführung des Amalgamations-Verfahrens. Die fernen Erdtheile, deren Naturschätze England so groß gemacht haben, und die noch heute jedem, der an ihnen participirt, jene Spannkraft des Willens und jenes Selbstgefühl geben, welches besonders dem Kaufmann in den Seestädten eigenthümlich ist, sind uns durch die modernen internationalen Verkehrsmittel in vieler Hinsicht näher gerückt, als manche unserer deutschen Ortschaften. Von Hamburg aus gelangt eine Nachricht jetzt schneller nach Australien als z. B. nach Oels in Schlesien, weil letzterer Ort eben keine Telegraphenstation hat.

Die leichtere überseeische Verbindung mit den außereuropäischen Productionsländern hat in neuster Zeit aber auch ihre Schattenseite erhalten. Diese Länder bringen nämlich gegenwärtig eine Zahl von Rohproducten auf den europäischen Markt, welche Europa ungeheure Summen entziehen, indem dasselbe zu ihrem Verbrauch angereizt wird, und welche die verwandten Producte Europas zum Theil in den Schatten stellen und ausgedehnte Fabrikationszweige in diesen gefährden. Ich erinnere in ersterer Hinsicht an den Tabak, dessen unproductiver Genuß immer größere Summen verschlingt; andererseits aber an das Panama-Gras, an Jute, Indiafaser, Manilahanf und andere Surrogate unserer einheimischen Rohstoffe. Der europäische Fabrikant muß deshalb jede Art von Import mit der größten Aufmerksamkeit verfolgen, wenn er es nicht erleben will, daß eines Tages sein Product durch die ähnlichen Surrogatfabrikate vom Markte verdrängt ist.

Aber nicht nur das!

Da wo in den außereuropäischen Productionsländern seit Jahren die germanische Rasse — die romanische bringt es im Auslande nämlich selten zur Industrie — sich seit Jahren niedergelassen hat, was besonders in Nordamerika, Südamerika, Südafrika und Australien der Fall ist: da regt sich jetzt auch eine vielseitige industrielle Thätigkeit — die größte Gefahr für das alternde Europa, wie keine größer gedacht werden kann. Und sie ist um so größer, als die Preß-Organe der öffentlichen Meinung in Europa, zumal in Deutschland, ihre Spalten mit allerlei Parteigezänk und Hetzereien füllen und dadurch nicht in der Lage sind, die offene, eiternde Wunde genau zu untersuchen, theils weil es an Platz gebricht, theils weil man die Wahrheit zu sagen sich scheut. Denn das große Publikum der Zeitungen ist kein Freund unangenehmer Wahrheiten. Die Krankheit der Wunde wuchert nun inzwischen weiter und entwickelt sich schließlich krebsartig. Ganz ähnlich war es zur Zeit des Verfalls der Hanse, um 1500; nur mit dem Unterschiede, daß damals an Stelle politischen Parteigezänkes die religiösen Streitfragen alle Köpfe gefangen hielten. Es giebt in der heutigen Presse sogar angesehene deutsche Zeitungen, welche von der Krankheit einfach nichts wissen wollen, ja das Vorhandensein derselben und die Gefahr geradezu leugnen. Wenn die Frage mit allgemeinen Redensarten und mit einseitig herangezogenem statistischen Material behandelt wird, dann allerdings wird auch dem Einsichtigeren eine Gefahr nicht in das Auge springen. Fassen wir die Sache aber mit wirklich kritischer Methode und rücksichtsloser Schärfe an, das heißt, erweitern wir den geographischen Blick und vergleichen wir sämmtliche gleichartige Zahlen der Weltstatistik der Hauptculturvölker, soweit sie zu erlangen sind, und nicht bloß vereinzelte Zahlenreihen aus einzelnen Gebieten der deutschen Handelsstatistik, dann liegt die Sache ganz anders.

Schon jetzt sind die überseeische Production wie Industrie für Europa und zumal für das handelsgeographisch so ungünstig gelegene Deutschland von größter Bedeutung und sie werden eine immer größere erlangen; sie drohen Europa geradezu zu erdrücken.

Afrika kommt dabei zunächst noch wenig in Betracht; das Klima und der Mangel an Arbeitskräften hält hier glücklicherweise noch von industriellen Anlagen ab, in welchen der Rohstoff selbst verarbeitet wird. Daher spendet uns dieser Erdtheil vorzugsweise noch Rohproducte und zwar in erster Reihe: Wolle, Elfenbein, Häute, Fette, Oele und Gummistoff. Daneben werden sich bald geltend machen: Pfeffer im Innern, von dessen Werth die nubischen Händler wie die Aethiopier selbst keine Ahnung hatten; ja dieselben wußten nicht einmal, daß die rothen Beeren, getrocknet, schwarze Pfefferkörner ergeben: bis Schweinfurth es ihnen zeigte. Ferner: Bast und Rinde eines Feigenbaums, einen sofort zum Tragen brauchbaren Stoff liefernd; das Baobab-Holz, zur feinsten Papierfabrikation verwendbar; die pfefferkuchenähnliche Frucht der Dumpalme; Antimon und andere Mineralien. Führen erst Eisenbahnen ins Innere, dann wird man die Schätze des Erdtheils bald sehr rentabel verwenden können. Die projectirte französische Senegalbahn zum Niger hat eine ungeheure Zukunft, schon aus dem Grunde, weil im Sudan bei der Bezahlung der Rohproducte, das in Europa so billige Salz das hauptsächlichste Tauschobject ist.

Für den deutschen Handel sind die südlichen Landschaften des Erdtheils wichtiger als die nördlichen. Von letzteren fällt wegen des günstigen Seeklimas nur Marokko mit seiner atlantischen Küste ins Gewicht. Die der Auflösung sich nähernden politischen Zustände

Marokkos würden deutscherseits die Erwerbung von einem Stücke Landes bei Mogador gar nicht so schwer erscheinen lassen. Ungleich günstiger liegen die Verhältnisse aber in der Südspitze des Erdtheils, mit einer zahlreichen Bevölkerung germanischer Abkunft und mit wichtigeren Rohproducten, als Marokko sie bieten kann. Die Erwerbung der Bauernrepublik Transvaal durch England wäre nicht eingetreten, hätte Deutschland um 1875 als Besitzer eines Küstenstriches an der Delagoa-Bai, welcher zu haben war, im Namen der Humanität und des Völkerrechts gegen das Verfahren Englands Widerspruch erhoben. Die Bauernrepublik brauchte deshalb noch nicht, wie sie es wünschte, von Deutschland annectirt zu werden.

Recht günstig stellte sich in neuerer Zeit der deutsche Verkehr mit dem freien Staate Sansibar. Der Import nach Sansibar und der Export wies 1875 folgende Zahlen [37]) auf, in Maria-Theresia-Thalern = 4 Mark 21 Pfennige.

6. 1875	Import aus	Export nach
Frankreich	59,200	144,000
Schweiz	110,500	—
England	335,400	656,100
Nordamerika	398,000	767,500
Deutschland	774,787	432,200
Indien, Orient, Südafrika	1'090,500	511,000
Gesammtumsatz	2'768,387	2'510,800

Deutschlands Ausfuhr nach Ost-Afrika ist also doppelt so groß wie diejenige nach den Vereinigten Staaten und 2 bis 3 mal so groß wie diejenige Englands.

Fast noch wichtiger als Afrika scheint gegenwärtig Australien und Polynesien für Deutschland zu sein.

Fassen wir zunächst die Inseln der Südsee in das Auge. Hier sind die Hamburger Firmen: Deutsche Handels- und Plantagen-Gesellschaft der Südsee-Inseln (früher J. C. Godeffroy & Sohn), und H. M. Ruge & Co. in Apia, Wm. Hennings in Levuka und Loma-Loma, A. Busch & Co. in Levuka und Hernsheim & Co. in Jaluit (Marschall-Inseln) hervorzuheben. Mit den Sandwich- oder Hawaiischen Inseln haben wohl ausschließlich nur Bremer Häuser einigen Verkehr, jedoch waren von 232 Kauffahrteischiffen im Jahre 1878 nur 3 deutsche, welche die Hawaiischen Häfen besuchten. [38]) Im Jahre 1877 und 1878 war der Export und Import hier folgender:

7. Der Handel der Hawaiischen Inseln.		
Producte	1877, Export	1878, Export
Zucker	25·575,965 Pfund	38·431,458 Pfund
Reis und Paddy.....	5·263,357 „	5·552,659 „
Talg	396,829 „	239,941 „
Wolle	385,703 „	522,757 „
Melasse	151,462 Gallonen	93,136 Gallonen
Ochsenhäute........	22·164 Stück	25,960 Stück
Total-Export in Dollars	2·676,202	3·333,970
Total-Import in Dollars	2·554,356	3·046,369
Ueberschuß des Exp. in Doll.	121,846	287,601

Diese Zahlen zeigen, daß die Europäer in Hawaii ihr Vermögen im Jahre 1877 um 121,846 Dollars und im Jahre 1878 um 287,601 Dollars vergrößert haben. Das meiste trug dazu der Zuckerexport, der ausschließlich nach den Vereinigten Staaten (San Francisco) gerichtet ist, bei.

Von ungleich größerer Wichtigkeit als die Sandwich-Inseln sind für den deutschen Handel die Samoa- und Tonga-Inseln.

Die folgende Tabelle zeigt das:

8. Samoa 2c.	1874	1878
Gesammtausfuhr aus.......	1·760,000	2·576,400
Gesammteinfuhr in	1·086,000	1·595,600
Gesammtausfuhr nach Deutschland....	1·660,000	2·427,200
Gesammteinfuhr aus Deutschland............... ..	946,000	1·395,600
Total-Umsatz mit Deutschland	2·606.000	3·822,800

Hiernach hat Deutschland im Handel mit Samoa 2c. von 1874 bis 1878 fast um die Hälfte zugenommen, unsere Einfuhr um 46 % und unsere Ausfuhr sogar um 48 %. Diese deutsche Ausfuhr nach den Südsee-Inseln besteht in Manufacturen, Eisenwaaren, Waffen und Munition, Kurz- und Galanterie-Waaren, Lebensmitteln und Spirituosen, Chemikalien und Droguen, Baumaterialien, Schiffsbedürfnissen, Vieh und Maschinerien verschiedener Art.

Der Gesammtexport [39]) von allen Südseeinseln, als Samoa-, Tonga-, Carolinen-, Gesellschafts-, Marschall-, Gilbert-, Neu-Britannien u. s. w. nach Europa durch deutsche Häuser betrug in Mark pro Jahr:

9.	1876	1877	1878
	5·209,000	6·103,000	7·021,000

Es zeigt das eine Steigerung des Verkehrs, aber leider fehlt zur Beurtheilung der wirklichen Rentabilität in meiner Quelle (Samoa-Denkschrift des Reichstags 1879) die Angabe des Imports aus Europa resp. aus Deutschland.

Unter den Exportartikeln nimmt die Kopra, — die spanische Bezeichnung für den zerschnittenen und getrockneten Kern der Kokospalme — welche zu Oel ausgepreßt wird, wobei der restirende Oelkuchen ein weit verbreitetes werthvolles Viehfutter abgiebt, einen hervorragenden Platz ein. Der Werth der 1878 aus der Südsee exportirten Kopra betrug 4·896,000 Mark.

Für den Verkehr mit den Südseeinseln scheinen mir folgende Gesichtspunkte sehr beachtenswerth. Die Südseeinseln sind insofern ein rentables Object für intimeren Handelsverkehr, als sie Deutschland vortheilhafte Capitalanlagen ermöglichen. Zur wirklichen Colonisation sind sie aber für Deutsche klimatisch nicht günstig und für massenhafte Einwanderung Deutscher — auf die es für uns besonders ankommt, weil die deutsche Auswanderung von Nordamerika so sehr wie möglich abgelenkt werden sollte — zu klein. Trotzdem wäre bei einer Betrachtung der Lage des deutschen Handels der Gegenwart und Zukunft eine Betheiligung des deutschen Reiches an der See-Handelsgesellschaft doch wünschenswerth gewesen. Nicht deshalb, weil kaufmännisch dabei ein gutes Geschäft in sicherer Aussicht war, sondern um uns eine Schule für künftige colonisatorische Arbeit zu schaffen und zugleich unsern zahlreichen deutschen Landsleuten in überseeischen Ländern zu zeigen, daß das deutsche Reich außerhalb Europas auch einen Flecken Erde hat, von dem wir Deutsche sagen können, darin spielen wir unseren eigenen Herren, dort stehen wir nicht, wie sonst überall im überseeischen Auslande, als Geduldete da und dort wollen wir für Ordnung, Sicherheit und Cultur des Landes allein aufkommen. Das Erscheinen deutscher Kriegsschiffe in überseeischen Häfen und das Hervorheben der Zahl der dort erscheinenden durch unsere Zeitungsberichte ist nicht genügend, um die wirkliche Bedeutung Deutschlands zur See zu erweisen. Vielmehr sind diese deutschen Kriegsschiffe nur eine traurige Illustration des Gedankens, der so vielen Deutschen und auch mir innewohnt: wir könnten wohl, aber wir wollen noch nicht. Ganz ähnlich verfuhr die deutsche Hansa nach 1500, und schließlich war es zu spät, auch wenn sie gewollt hätte.

Das Eingreifen der deutschen Regierung in der Samoafrage würde auch eine wichtige handelspolitisch-erzieherische Bedeutung gehabt haben. Es galt und gilt zur Zeit mehr denn je, die Deutschen in den überseeischen, meist englischen Colonien zu ermuntern, die Köpfe als Deutsche hoch zu halten und die Hoffnung auf eine engere geistige und commerzielle Verbindung mit dem Mutterlande nicht aufzugeben.

Weit wichtiger als die Südseeinseln versprechen die festländischen Gebiete Australiens zu werden, weil hier viele Deutsche (ca. 50,000) und andere Europäer wohnen, welche großen Bedarf an europäischen Industrieproducten haben. Die vorwiegend germanische Bevölkerung der Küstenstaaten wird einst eine wichtige Rolle spielen. Denn sie wird meines Erachtens die erste sein, die sich von England bald ganz lossagt und eigene Staaten bildet, wozu jetzt schon alles drängt. Im Victoria-Staat z. B. zahlen englische Waaren schon denselben Eingangszoll wie deutsche und sie mußten sich bei der schlechten Finanzlage des Staates im Jahre 1879 die Erhöhung des Zolles auf 25 Procent vom Werthe auch gefallen lassen, so daß den Engländern nur noch die hoch besoldeten Regierungsposten vorbehalten sind. Industriell beginnt man sich auch in Südaustralien zu regen. Schon giebt es eine Tuchfabrik im modernen Sinne bei Adelaide, wo sonst wenig Industrie ist. — Seinen Bedarf an Papier deckt Australien zur Zeit auch schon selbst und zwar liefert es ein vorzügliches Fabrikat. [40]) Dazu kommt, daß Australien keinen Mangel an Kohle hat, wie die reichen Kohlenlager nördlich von Sydney, auf Tasmania u. s. w. zeigen: [41]) also steht der Fabrikation durch Dampf nach dieser Seite hin kein vertheuerndes Moment im Wege. Australien exportirt sogar schon Kohle nach China, wie der deutsche Consulatsbericht aus Shanghai vom Jahre 1880 zeigt. Nach der folgenden Tabelle (s. Tab. 10 auf S. 32) nimmt Australien sogar schon den 10. Rang unter allen Ländern der Erde ein:

Man erstaunt, wenn man die neuesten Berichte über die Industrie vom gesammten Victorialande in Australien liest. Folgende Tabelle [42]) (s. Tab. 11 auf S. 32) giebt eine Uebersicht von der Zahl der Fabriken in den verschiedenen Branchen von 1868 bis 1878 und der Zahl der darin beschäftigten Personen:

10. Kohlenausbeute der Länder der Erde
(in metrischen Tonnen zu 20 Zoll-Centner).

England	136,7 Mill.
Deutschland	50,5 „
Nordamerika	49,9 „
Frankreich	17,0 „
Belgien	13,9 „
Oesterreich	12,3 „
China	3,0 „
Rußland	1,8 „
Ungarn	1,58 „
Australien	1,50 „
Britisch Nordamerika	1,4 „

11. Die Industrie von Victoria in Australien
im Jahre 1878.

Art der Fabriken	Fabrikzahl 1868	Fabrikzahl 1878	Arbeiterzahl 1878
Ziegeleien und Töpfereien	173	224	1104
Säge- u. Holzschneidemühlen	99	150	2768
Mehlmühlen	118	150	721
Wagen-	2	127	1499
Gerbereien	49	116	1570
Brauereien	82	109	939
Liqueur-, kohlens. Wasser-.	68	104	592
Gießereien	43	88	1633
Schuhwerk-	8	76	2470
Kleider-	38	66	4123
Eisen- und Zinnwerke	5	61	833
Druckereien	15	47	1617
Maschinen-	25	45	1052
Landwirthschaftl. Geräthe-	21	40	879
Sattel-, Geschirr- ꝛc.	—	39	348
Seifensiedereien, Lichter-	32	38	434
Möbeltischlereien	2	36	531
Seilereien	5	15	311
Taback- und Cigarren-	9	13	725
Zuckerraffinerien	1	2	184

Von diesen mit Großbetrieb arbeitenden Etablissements benutzten 929 Dampfkraft. Die merkwürdiger Weise in die Liste nicht aufgenommenen Wollwebereien lieferten für die hübsche Summe von 12·939,360 Mark Tuch, Tweed, Decken u. s. w. Die Brauereien über 57 Millionen Liter Bier.

Das sind äußerst bedenkliche Zeichen für die Zukunft des europäischen Exportes nach Australien. Wenn letzteres auch in Baumwolle zu fabriciren beginnt, was gar nicht ausbleiben wird, dann geht der europäischen Textilindustrie, besonders der englischen, nicht nur Australien selber, sondern auch ein großer Theil Ostasiens verloren, weil dieses sich seine Waaren aus Australien sicherlich billiger als aus Europa wird verschaffen können.

Die Hauptbedeutung Australiens als Productionsland für Europa liegt zunächst noch in der Wollproduction, von der Neu-Südwales, Victoria und Neu-Seeland das meiste liefern. Australien wird im Wollexport nach Europa von keinem überseeischen Lande auch nur annähernd erreicht und seine Production an Wolle ist die größte der Erde nach der Rußlands (einschließlich Russisch-Asiens). Dies veranschaulichen folgende drei Tabellen, (s. Tabellen 12 u. 13 auf S. 34 und 14 auf S. 35) von welchen übrigens die erste zum Theil nur eine Schätzung nach dem Schafbestande ist, und wobei auch Mohair, Alpacca rc., aber keine Kunstwolle einbegriffen sind.

Von den 1632 Mill. Pfund der Gesammtproduction der Erde werden also 1403 Mill. Pfund in Europa, 226 von Nordamerika, und sonst in Außereuropa nur 3 Mill. Pfund verbraucht.

Der Woll-Export Australiens hob sich zwischen 1873 und 1875 sehr bedeutend, während, wie ich schon hier bemerke, der Massenexport der nordamerikanischen Rohproducte in dieselben Jahre fiel. Im Caplande ging der Export aber zurück. Die Tabelle 13 [43]) auf S. 34 stellt dieses außer Zweifel.

Auch die La-Plata-Gebiete weisen nicht einen gleich großen Fortschritt in der Wollproduction wie Australien auf, wie dies die Tab. 14 auf S. 35 zeigt.

Für das tuchtragende Publikum Europas hat der Import der Colonialwolle die gute Wirkung gehabt, daß die Preise für Tuchstoffe nicht mehr so sehr in die Höhe gehen können, wie vor der Zeit dieses Imports, als der Zoll-Centner feine Wolle bis auf über 300 Mark zu stehen kam, während der Preis dafür jetzt zwischen 150 und 210 Mark schwankt. Allerdings zwingt die Concurrenz der überseeischen Wolle jetzt die schlesischen und brandenburgischen Landwirthe, welche bisher die beste Wolle der Welt producirten, zur Massenproduction. Es wird von ihnen nicht mehr auf Reinheit der Rasse gesehen; statt Gras rc. wird Lupine gefüttert und vom Vließ werden nicht mehr 2½ Pfund feine, sondern zum Theil 5 bis 6 Pfund grobe Wolle gewonnen. Auf dem Wollindustrie-Congreß zu Leipzig (6. Januar 1881) ist dies von den Fabrikanten tadelnd hervorgehoben worden, aber ohne daß man den Schafzüchtern einen eigentlichen Vorwurf machen kann.

12. Wollproduction und Wollverbrauch der Erde im Durchschnitt um 1878 (in Millionen Zollpfund).

Land	Production	Import zum Verbrauch	Export aus dem freien Verkehr	Wollverbrauch
Rußland	354,3	6,2	47,6	313
Australien	351,7	—	—	—
Argentinische Republik	200	—	—	—
Nordamerika	187,7	—	—	226
England	137,7	362,3	186,7	314
Frankreich	86,8	293,5	54,1	326
Deutschland	70	140,1	44,4	166
Spanien	66	—	—	—
Oesterreich-Ungarn	48,5	38,6	17	70
Uruguay	38	—	—	—
Cap-Colonie	36	—	—	—
Ostindien	21,4	—	—	—
Italien	19,5	13,1	1,8	31
Portugal	9,5	—	—	—
Natal	9,1	—	—	—
Asiatische Türkei	8	—	—	—
Peru	6,1	—	—	—
Belgien	4	93,1	3,9	93
Schweden	3	—	—	—
Niederlande	—	17,2	18,4	—
Schweiz	—	3,7	1,4	—
die übrigen europ. Länder	8	—	—	90
Europa in Summa	807	967,8	375,3	1629
Außer-Europa in Summa	825	—	—	—

13. Woll-Export aus Australien und dem Caplande.
(In Millionen Zollpfund.)

Land	1863	1867	1870	1872	1873	1874	1875	1876	1877
Cap-Colonie				48,8				34,9	36
Cap-Colonie u. Natal			39,2		47	50,4	48,4	43,4	45,1
Australien (ganz)		150	189	194	218	247,6	300,3	342,5	351,7
Neu-Südwales									102
Victoria									98,5
Neu-Seeland	12,6								64,5

14. Woll-Export aus den Colonialländern nach Europa.
(In Tausenden von Ballen. [44])

Aus	1871	1872	1873	1874	1875	1876	1877	1878	1879
Capländer	148,8	154,9	160,3	164,2	175,6	170,6	169,9	164,2	183,3
La-Plata-Gebiet	221,8	237,7	264,3	245,9	247,8	272,1	277,7	266,8	247,4
Australien	567	522,9	552	651	699,6	771,2	823,9	791,1	826,3
Summa	937,6	915,5	976,6	1061,7	1123,0	1214,2	1271,5	1222,1	1257,0

Der Staat Victoria ist übrigens schon in der Lage, von seinen eigenen Fabrikaten verschiedener Arten bedeutende Posten zu exportiren! Und zwar in folgenden Beträgen: [45])

15. Industrieller Export aus Victoria.
(In £ = 20 Mark.)

Fabrikat	1871	1877
Kleider	8,323	138,771
Maschinen	26,057	51,728
Schuhwerk	1,335	34,643
Möbel	5,857	28,678
Biscuits	5,946	22,147
Wollzeuge	3,256	15,972
Kurz- und Metallwaaren..	901	14,865
Buchbinderwaaren	141	13,227
Ackerwerkzeuge	5,615	10,492

Die gesteigerte Ausfuhr einzelner dieser Fabrikate giebt sehr zu denken.

Trotz der sich sehr hebenden eigenen Industrie hat Australien aber immerhin noch einen starken Bedarf an überseeischen Fabrikaten, was folgende Tabelle (s. Tab. 16 auf S. 36) für die Einfuhr in Victoria erweist, welche Landschaft industriell augenscheinlich von allen australischen die bedeutendste ist.

Alle diese Waaren wurden bisher von England eingeführt. Weil die Engländer denselben Einfuhrzoll wie andere Nationen zahlen, (vgl. darüber am Schluß), so steht Deutschland nichts im Wege, die Concurrenz mit England unter Berücksichtigung der Tabelle 15 in Victoria zu versuchen.

Asien beginnt sich industriell ebenfalls zu rühren; besonders in Ostindien ist das zu bemerken. In diesem Umstande liegt zum Theil die Ursache der abnehmenden Exportkraft der englischen Handelsbewegung in den letzten Jahren, wie ich am Schlusse zeigen werde.

16. Ueberseeischer Import in Victoria.
(In £ = 20 Mark.)

Gegenstand	1867	1872	1877
Wollwaaren	948,548	805,130	917,793
Baumwollwaaren	458,644	636,441	766,222
Eisen und Stahl (excl. Eisenbahnmaterial)	317,901	413,362	712,041
Spirituosen	420,665	365,865	579,984
Tabak und Cigarren	297,480	280,473	384,219
Seidenwaaren	119,974	273,378	258,969
Posamente	104,653	201,854	239,156
Bier	297,103	136,869	201,189
Papier	122,518	159,609	175,083
Strumpfwaaren	123,193	109,421	164,779
Leder und Lederwaaren	35,736	85,433	141,933
Glas	61,721	50,135	104,673
Musikalische Instrumente	21,475	40,148	101,073
Maschinen	68,077	46,902	100,467
Uhren	14,029	32,033	85,225
Steingut und Porcellan	35,138	45,682	73,104
Farben	19,671	37,049	60,486
Messerschmiede-Waaren	19,156	44,741	43,557

Ostindien nimmt in der Fabrikation der Baumwolle schon eine ganz achtbare Stellung ein, wie aus folgender Tabelle [45]) über diese Textilbranche, die Production nach Spindeln berechnet, hervorgeht:

17. Land	Jahr	Zahl der Spindeln
Ostindien	1877	1,245,500
Frankreich	1876	4,875,324
Deutschland	1875	5,100,000
Nordamerika	1861	5,235,727
"	1878	10,054,364
Großbritannien	1871	34,695,221
"	1878	39,527,920

Dabei ist zu beachten, daß in Ostindien die fremden Importe in den letzten 10 Jahren sich ziemlich gleichblieben, die Exporte dagegen langsam stiegen, von 26 Millionen Mark im Jahre 1869 auf 46 Millionen Mark im Jahre 1878.

Asien hat — Japan und China vielleicht ausgenommen — für Deutschland keine große handelspolitische Zukunft. Ueberall dominiren durch ihre Niederlassungen zunächst noch andere europäische Nationen, im Westen, Süden und Südosten die Engländer, im Norden die Russen, im Südosten auch die Franzosen und Holländer. Die sicherste und größte Zukunft in Asien hat Rußland, welches mit Nordamerika zusammen einst den Weltcrösus spielen wird, wenn es sich zu consolidiren versteht.

Da wo wir einigen Absatz haben, und das ist in China und Japan der Fall, werden wir leider stark von den Nordamerikanern bedroht und ebenso stark von den gewerbfleißigen Einwohnern selber. Hat Japan es doch schon zu einer Tuchfabrik im modernen Sinne gebracht! Ja, sogar zu einer bairischen Bierbrauerei in Hokkaido, nach dem Muster der Tivoli-Brauerei zu Berlin! Die Regierung von Japan hat dieses industrielle Etablissement neuerdings in das Leben gerufen. Das japanische »Sapporo (d. h. Export) Lager Beer«, welches als Probe neuerdings von Hokkaido nach Berlin gelangte (vgl. den Berliner Börsen-Courier vom 22. April 1881), entspricht allen Anforderungen an ein gutes Exportbier. Japan dürfte für den deutschen überseeischen Bier-Export bald für immer verloren sein.

IV.

Die Bedeutung der Production Nordamerikas für Europa im allgemeinen.

Im allgemeinen ist die Gefahr der industriellen Concurrenz durch die tropischen und subtropischen überseeischen Landschaften nicht so groß, als es vielleicht manchem scheinen möchte. Dieselben sind meiner Ansicht nach von der Massenproduction durch Dampf auf die Dauer glücklicherweise wohl ausgeschlossen. Zur entnervenden Wirkung des Klimas käme dann noch der entnervende Einfluß der Arbeit in den heißen Räumen der Dampffabriken: und das könnte kein Arbeiter lange aushalten. Der industrielle Dampfbetrieb wird daher wohl immer den gemäßigteren Klimaten vorbehalten bleiben, also in erster Reihe Europa.

Da tritt nun aber ein sehr bedenklicher Concurrent Europas und speciell Deutschlands, Amerika, hervor, weniger im südlichen als im nördlichen, wo ein gemäßigtes Klima ähnlich dem europäischen herrscht. Die vereinigten Freistaaten von Nordamerika — ich werde sie der Kürze wegen fortan mit „Nordamerika" bezeichnen — haben nicht nur sehr zahlreiche und überaus kostbare Rohproducte, sondern auch blühende Industrien. Diese Industrien werden auf Grund des kolossalen Reichthums, den das Land neuerdings durch die europäische Auswanderung und durch seine Edelmetall-, Petroleum-, Fleisch- und Getreide-Production wie -Ausfuhr erworben hat, ganz anders angefaßt als bei uns in Europa. Dazu kommen Verkehrsmittel, welche auf Grund der jungfräulich-menschlichen Zustände dort billiger und schneller organisirt werden, als im alten, veterascirenden Europa, besonders im festländischen, wo Verkehr wie Industrie mit veralteten Institutionen und Beschränkungen und Bedenken seit ihrem Bestehen zu kämpfen gehabt haben und noch zu kämpfen haben.

Dazu steht der Erdtheil Amerika in Bezug auf die Leichtigkeit des Weltverkehrs und überhaupt geographisch weit günstiger da als Europa:

1) durch seine Lage zwischen zwei Oceanen des Weltverkehrs;

2) durch seine Riesenströme und durch die meteorologischen Verhältnisse, welche den Verkehr auf denselben ungemein begünstigen;

3) durch die Jungfräulichkeit seines fruchtbaren Bodens, durch seine ungeheuren metallisch-mineralischen Schätze und durch die jungfräuliche Natürlichkeit seiner staatlichen und socialen Institutionen;

4) durch die großen geistigen Anlagen und die fieberhafte Energie seiner Bewohner im Norden.

Die Erfindungsgabe und die fieberhafte, rastlose Thätigkeit der Nordamerikaner übertreffen alles bisher dagewesene. Davon nur das eine Beispiel. Bei uns in Europa wird bekanntlich kein größerer Bau zur rechten Zeit fertig, besonders bei Eisenbahnbauten ist das eine bekannte Thatsache: ich erinnere nur an die Gotthardbahn, die sich der Unterstützung so vieler Regierungen zu erfreuen hat, schon im Jahre 1880 fertig sein sollte und doch vor 1882 dem Verkehr nicht wird übergeben werden können. Wie war es nun bei dem Riesenbau der Pacificbahn, einer Bahn, die ihresgleichen in Europa nicht hat? Im Jahre 1862 wurde der erste Spatenstich zu derselben bei Omaha gethan. Nur Enthusiasten wagten zu hoffen, daß sie in der festgesetzten Zeit von fünf Jahren fertig sein würde. Sie war aber schon in 3½ Jahren fertig und zwar eine Bahn von über 1900 englischen oder 400 deutschen Meilen Länge. Der Nordamerikaner läßt sich eben durch Hindernisse nicht hemmen, sondern nur zu um so größerer Energie anspornen.

Die immer größer werdende Trockenheit und Regenlosigkeit Nordamerikas ist eine anerkannte Thatsache. Es giebt jetzt im Innern der Vereinigten Staaten agrarische Gebiete, in denen seit Jahren eine so anhaltende Dürre und Unfruchtbarkeit herrscht, daß Farmer hier ganze Ackercomplexe neuerdings für einige Eier verschenkt haben; und es wird bald die Zeit kommen, wo Nordamerika die Folgen der Waldverwüstung in weit empfindlicherer Weise spüren wird. Seit lange aber wirkt dieses trockene Klima auf die Nerventhätigkeit und die ganze Körperconstitution der Nordamerikaner in auffallender Weise; auch die naturwissenschaftliche Forschung hat diese Thatsache anerkannt und erörtert. Ich verweise hierüber auf die sehr lehrreichen Mittheilungen des berühmten schweizerischen Naturforschers Desor in Roßmäßler's „Wasser". 3. Aufl. Leipzig 1875. S. 106, aus denen ich folgende Stellen heraushebe: „Der Nordamerikaner zeichnet sich durch einen dünnen Hals und geringe Körperfülle aus, im Gegensatz zum Europäer. Dieser Unterschied ist nicht allein die Folge einer geringeren Entwicklung des

Muskelsystems bei den Amerikanern, er hängt ebenso sehr, wenn nicht noch mehr, mit einer Schwächung des Drüsensystems der letzteren zusammen, und in dieser Hinsicht verdient er eine ernste Aufmerksamkeit von Seiten der Physiologen, da er geradezu die Zukunft der amerikanischen Rasse in Frage stellt. Einsichtsvolle Amerikaner haben das geahnt. Sie haben begriffen, daß es eine Grenze haben müsse mit dieser übermäßigen Zartheit der Formen, die bekanntlich den Amerikanerinnen jenen vielfach bewunderten zarten und ätherischen Ausdruck verleiht. Sie sind deshalb trotz ihrer angeborenen Abneigung gegen die Irländer, die das zweitstärkste Contingent bei der Einwanderung stellen, weit entfernt, sich der Einwanderung dieser Rasse zu widersetzen, die durch die Fülle ihrer Formen und den Reichthum ihres Drüsensystems ganz dazu gemacht zu sein scheint, den Einflüssen des amerikanischen Klimas mit Erfolg widerstehen zu können. Man hat in der That schon mehr als einmal die Bemerkung gemacht, daß die schönsten Frauen solche sind, die von Eltern geboren wurden, welche erst aus Europa gekommen waren."

„Uebrigens erstreckt sich dieser Einfluß des Klimas nicht allein auf die Generationen, er macht sich in vielen Fällen selbst an den Individuen bemerkbar, wenn sie den einen Continent mit dem anderen vertauschen. So giebt es wenig Europäer, die in den Vereinigten Staaten dick werden, während Amerikaner, die sich einige Zeit in Europa aufhalten, gewöhnlich ein merkwürdig gesundes und glückliches Aussehen bekommen. — Eine fieberhafte Geschäftigkeit herrscht überall in Nordamerika; es ist Thatsache, daß der Nordamerikaner sich nicht die rechte Zeit zum Essen nimmt. Große Geschäftigkeit nimmt man z. B. auch in England wahr; aber sie erscheint dort überlegter, die der Yankees ist instinctartiger, mehr Sache der Gewohnheit und natürlicher Ungeduld als der Nothwendigkeit. — Auch die größere nervöse Reizbarkeit der Yankees ist der Trockenheit des amerikanischen Klimas zuzuschreiben; ihre Empfindlichkeit ist sprichwörtlich: daher wohl auch der Ursprung ihrer Duellmethode, bei welcher ein Gegner unfehlbar dem Tode verfällt. Die Nordamerikaner kennen ihre Reizbarkeit. Sie bringen deshalb schon von früh auf ihren Kindern die Kunst der Selbstbeherrschung bei. Daher die anscheinende Kälte der Nordamerikaner in allen Dingen; daher kommt es, daß das reizbarste Volk der Erde sich zugleich als das bestdisciplinirte erweist. Die Freiheit namentlich ist in so hohem Grade in Nordamerika nur möglich, weil jeder Nordamerikaner sich frühzeitig gewöhnt hat, seine Aufwallungen zu bemeistern."

Um nicht eine einseitige Darstellung zu geben, füge ich zu der schon älteren Mittheilung des schweizerischen Naturforschers die Beobachtungen eines preußischen Militärs, also eines Praktikus in Fragen der körperlichen Eigenthümlichkeiten, hinzu. Dieser preußische Militär bereiste Nordamerika im Jahre 1879; seine Angaben entnehme ich der „Post" vom 4. November 1879. Derselbe berücksichtigt weniger das zehrende Klima und den jähen Temperaturwechsel des Landes, kommt aber zu dem Resultat, daß die Unmäßigkeit im Essen — denn Essen, und weniger Trinken ist die Hauptbeschäftigung der Nordamerikaner, wenn sie nicht arbeiten —, falsche Wahl der Nahrungsmittel und sodann zu frühe Anstrengung besonders des Geistes, den Lebensmechanismus der weißen Rasse zerrütten, so daß diese letztere schon nach einigen Generationen einen unverkennbaren Verfall aufweist. Höchst interessant sind folgende seiner Angaben über die amerikanische Jugend:

„Kaum entwöhnt, so schreibt er, werden die Kinder mit Zuckerwerk, heißem Gebäck, bald auch mit Fleischspeisen überladen; den ganzen Tag über sieht man sie an irgend etwas kauen; ist es nicht Confect, so treten Obst, Nüsse aller Art, schwerverdauliche Kuchen an deren Stelle. Nur zu häufig sieht man, daß Säuglinge von ihren unverständigen Müttern zu Eisenbahnfahrten bei Tage und Nacht mitgenommen werden; mit Vorliebe hält man die jungen Augen gegen das offene zugige Fenster gerichtet oder läßt sie in das grelle Licht der Wagenlampen gucken; helfen diese Beruhigungsmittel nicht, nun, so geht man an das Kühlgefäß und flößt dem armen Wurm eine Portion Eiswasser ein. Zwei Jahre alt, kennt das Kind die Eisenbahnfahrt schon genau und betrachtet seine ganze Umgebung mit wunderbar verständnißvollen Blicken. Die drei- und vierjährigen Kinder der ärmeren Klassen haben ihren Tummelplatz auf den unbewachten Schienengeleisen, welche jeden Ort durchschneiden; sie wissen ganz genau, daß das Glockensignal sie zum Ausweichen auffordert. Siebenjährige Kinder führen häufig schon ihre eigene Kasse und kaufen ihr Naschwerk nach Belieben; nicht selten sieht man sie ganz allein eine Eisenbahnfahrt machen. Zwölf- bis vierzehnjährige Knaben trifft man gelдverdienend in allen Fabriken; ich sah deren in einer Walzmühle, wo sie Bandeisen walzten.

Trotz alledem scheinen die Kinder bis etwa zum 14. Lebensjahre gut zu gedeihen; nur das auffallend glänzende Auge und eine gewisse nervöse Erregbarkeit unterscheidet sie von ihren Altersgenossen in Europa. Nun aber beginnt der Umschlag. Es ist kaum glaublich, daß sich dieser Jüngling mit eingedrückter Brust, endlos langem Halse und krummer schlaffer Haltung aus einem frischen rothbäckigen Knaben entwickelt haben soll, oder daß dieses blühende Mädchen in wenigen Jahren jener welken Jungfrau gleichen wird, welche man auf irgend ein beliebiges Alter zwischen 25 und 40 Jahren schätzen könnte, während sie deren doch erst 17 oder 18 zählt. Und doch bestätigten mir glaubwürdige Zeugen diese Thatsache, auf die ich durch das fast gänzliche Fehlen einer frischen reifern Jugend aufmerksam geworden war. Auf dem Lande trifft man selbst in den älteren Staaten noch viele kräftige Männer, aber der oben beschriebene Typus der amerikanischen Jugend verschwindet selbst in den Weststaaten, nach denen die Einwanderung das meiste frische Blut bringt, nicht vollständig.

Die reichliche Fleischnahrung des englischen Arbeiters ist ein beliebtes Schlagwort unserer Socialdemokraten. Der amerikanische Arbeiter nun ißt wol dreimal täglich Fleisch und doch würde sich nur ein verschwindender Bruchtheil der in der 2. oder 3. Generation hier Geborenen zur Einstellung in eines unserer preußischen Garderegimenter eignen; das Fleisch thut es also offenbar nicht."

Wenn das Klima auf die Energie der Nordamerikaner steigernd, das heißt fieberhaft, krankhaft steigernd einwirkt, dann sind die großen geistigen Talente, durch welche sie sich auszeichnen, dem Ursprunge nach vorzugsweise ein europäisches Erzeugniß, obgleich aus dem Obigen ersichtlich ist, daß die Erziehung und das Klima auch auf diese verfeinernd miteinwirken, was besonders bei ihrem unübertroffenen Scharfsinn recht in das Auge springt. Es sind zu allen Zeiten nicht die Dummen aus Europa nach Amerika ausgewandert, sondern die begabteren, denkenden und zugleich — besonders was die unteren Stände anbetrifft — energischsten Individuen: theils aus Unzufriedenheit mit den heimathlichen Verhältnissen, theils weil ihre Existenz in Europa aus irgend einem Grunde Schiffbruch gelitten hatte. Die jenseit des Oceans neuen Verhältnisse und das Streben, wieder in das richtige Fahrwasser zu kommen, forderten jeden Auswanderer zur verdoppelten Anspannung der Energie und der übrigen geistigen Kräfte heraus. Und was die Väter gezwungen übten, das wurde, noch verfeinert resp. gesteigert durch die klimatischen Verhältnisse, eine constante Eigenthümlichkeit der Nachkömmlinge.

Außerordentlich günstig wirkt auf die Intelligenz der Nordamerikaner auch der Umstand, daß der größere Theil derselben der germanischen Rasse entstammt. Die geistige Ueberlegenheit unserer Rasse wird durch Tabelle 18 (nach Owen und Morton [46]) unzweifelhaft bewiesen. Die Naturforschung nimmt gegenwärtig mit Recht an, daß der größere Kubikinhalt des Schädels eine größere Intelligenz bedingt, wozu ich bemerke, daß diese Behauptung in der geschichtlichen Entwicklung der Culturvölker den vollsten Beweis findet.

18. Der Schädelinhalt der german. Rasse im Vergleich mit den übrigen Rassen.

„Rasse"	Kubikinhalt des Gehirns in □"	Durchschnitt in □"
Engländer	96	92
germanische	92	
semitische	89	88
altpelasgische	88	
keltische (irische)	87	
pelasgische	84	
malayische	85	83½
chinesische	82	
Neger Afrikas	83	83
hindostanische	80	80
altägyptische	80	80
Fellahs (neuägyptische)	80	80
Tolteka-Amerikaner	77	79
barbarische Amerikaner	84	
Hottentotten	75	75
Australneger	75	75

Der Gorilla-Affe hat nur 30 □" und der Orang-Utan nur 28 □" Schädelinhalt.

Daß die germanische Rasse bisher den Hauptprocentsatz der Einwanderung über New-York gestellt hat, ist eine amtlich beglaubigte Thatsache. In New-York landen ungefähr 75 Procent aller Europamüden. Die Zahl derselben betrug vom 5. Mai 1847 bis 31. März 1879: 5·634,996 und vertheilte sich wie folgt: (s. Tabelle 19.)

Man darf als ziemlich sicher annehmen, daß die Zahlenverhältnisse der in andern Häfen landenden Auswanderer ähnliche sind. Dann betrüge die germanische Einwanderung innerhalb des fraglichen Zeitabschnittes über 4 Millionen Menschen, so viel ungefähr, wie die Vereinigten Staaten zur Zeit ihrer Unabhängigkeitserklärung Einwohner hatten.

19. a) **Russen** **28,086**		
b) **Romanen** **170,386**		
	1. Franzosen	110,853
	2. Italiener	50,581
	3. Spanier	8,952
c) **Celten** ...... **2·181,608**		
	1. Irländer	2·020,071
	2. Schotten	161,537
d) **Germanen** .. **3·254,921**		
	1. Deutsche	2·165,332
	2. Engländer	742,271
	3. Schweden	124,703
	4. Schweizer	85,946
	5. Norweger *)	49,097
	6. Holländer	40,103
	7. Dänen	36,993
	8. Belgier	10,476

Wenn wir nun bloß die amtlich sichere Zahl der über New-York eingewanderten Deutschen mit 2·165,332 Köpfen in das Auge fassen, dann ist der Verlust Deutschlands schon groß genug. Mit diesen vielen Hunderttausenden von Deutschen sind nicht nur ebenso viele gesunde körperliche und geistige Kräfte dem deutschen Reiche verloren gegangen, sondern es sind auch ganz bedeutende baare Summen unserem Nationalreichthum entzogen worden. Man schätzt das baare Geld, welches die Auswanderer pro Kopf nach Amerika mitbringen, verschieden. Die höchste Schätzung geht auf 2000 Mark; in Nordamerika nimmt man erfahrungsmäßig 600 Mark an (v. Weber, 4 Jahre in Afrika II, 361), andere 300 Mark (Kapp); Dr. Kennedy in New-York, der Vorsteher von Castle Garden, wo die Auswandererschiffe anlegen, nimmt nur 68 Dollars, also 272 Mark, an. Folgende Tabelle 20 (Seite 45) soll die kolossalen Summen veranschaulichen, welche in circa 32 Jahren allein über New-York Deutschland resp. Europa (5·635,000 Auswanderer) durch seine Auswanderung nach den verschiedenen Schätzungen entzogen worden sind.

*) So der amtliche amerikanische Bericht über New-York. Im Ganzen wanderten aber weit mehr Norweger ein, nämlich von 1866—1870 nicht weniger als 75,000; 1871—1875 wieder nur 47,000; von 1875—1879 ungefähr 32,000. Also zusammen 154,000 Norweger; sie siedeln sich vorzugsweise als Ackerbauer in Wisconsin, Iowa, Minnesota und dem nördlichen Illinois an. Vgl. den Originalbericht der Vossischen Zeitung vom 28. December 1880.

20. Baares Geld pro Kopf der Auswanderer.	Zahl der deutschen Auswanderer über New-York.	Summe des Deutschland entzogenen Geldes in Mark.	Summe des Europa entzogenen Geldes in Mark.
272 Mark	2·165,332	588,970,304	1·532,720,000
300 „	2·165,332	649,599,600	1·690,500,000
600 „	2·165,332	1·299,199,200	3·381,000,000
1000 „	2·165,332	2·165,332,000	5·635,000,000
2000 „	2·165,332	4·330,664,000	11·270,000,000

Es sind hiernach durch die Auswanderer nur über New-York *) in nicht ganz 32 Jahren unserem deutschen Vaterlande an baarem Gelde ganz gering geschätzt unbedingt über 578 Millionen Mark (und Europa über 1 1/2 Milliarden Mark) entzogen worden und es werden Deutschland bei einem jährlichen Durchschnitt von über 67,000 Auswanderern, die über New-York gehen, überhaupt jährlich an 20 Mill. Mark baar entzogen. Diese kolossale Summe, welche sich durch die Auswanderer über andere amerikanische Häfen vielleicht um ein Drittel höher stellt, kommt nun wieder der Agricultur und Industrie der Vereinigten Staaten zu gute und wird noch durch den Kapitalwerth der Arbeitskraft jedes erwachsenen Einwanderers erhöht, den man gering auf 800 Mark anschlägt. Wenn die deutsche und die europäische Auswanderung über New-York sich ferner in derselben Höhe weiter erhält wie bis 1879, dann betrüge der jährliche Verlust Deutschlands und Europas die in der folgenden Liste (s. Tab. 21 auf S. 46) angegebenen beträchtlichen Summen. Ich schätze das baare Geld der deutschen Auswanderer pro Kopf nicht auf 272 Mark wie Kennedy, sondern auf 600 Mark; Kennedy's Durchschnittszahl mag wohl nur durch die Einstellung der notorisch armen Irländer in die Rechnung so niedrig geworden sein.

Zu diesen ungeheuren Summen, die Europa jährlich durch und an Nordamerika vermittels der Auswanderer verliert, sind nun noch die großen Beträge in Anschlag zu bringen, welche durch die europäischen Auswanderer nach Südamerika, Südafrika und Australien entzogen worden sind und noch entzogen werden. Uebervölkerung ist zum Theil wohl die Ursache der starken Auswanderung aus Europa; aber allerdings nur *relative* Uebervölkerung, denn es sprechen

*) Es sind nach Gäbler und Löher von 1815—1875 circa 3 1/2 Millionen Deutsche überhaupt nach Amerika ausgewandert, also bis 1880 an 4 Millionen. Deutschland hat also von 1815 bis 1880, bei nur durchschnittlich 300 Mark pro Kopf der Auswanderer bereits die colossale Summe von 1200 Millionen Mark eingebüßt.

21. Tabelle des jährlichen Verlustes durch die amerikanische Auswanderung.

Zahl der Auswanderer im jährlichen Durchschnitt.	Jährlicher Verlust Deutschlands in baar.	Jährlicher Verlust Europas in baar.	Jährlicher Verlust Deutschlands an Arbeitskraft.	Jährlicher Verlust Europas an Arbeitskraft.	Jährlicher Gesammtverlust Deutschlands in baar und an Arbeitskraft.
Ueber New-York: Deutsche 67,000 Europäer 176,000	ca. **18 Mill. M.** bei 272 Mark pro Kopf.	ca. **48 Mill. M.** bei 272 Mark pro Kopf.	ca. 54 Mill. Mark.	ca. 140 Mill. Mark.	ca. **72 Mill. M.** bei 272 Mark pro Kopf.
Ueber New-York: wie vorher.	ca. **40 Mill. M.** bei 600 Mark pro Kopf.	ca. **70 Mill. M.** bei 272 Mark pro Kopf außerdeutsch und bei 600 Mark pro Kopf deutsch.			ca. **94 Mill M.** bei 600 Mark pro Kopf.
Ueber alle nord-amerik. Häfen: Deutsche 100,000 Europäer 264,000	ca. **60 Mill. M.** bei 600 Mark pro Kopf.	ca. **158 Mill. M.** wie vorher.	ca. 80 Mill. Mark.	ca. 210 Mill. Mark.	ca. **140 Mill. M.** bei 600 Mark pro Kopf.

dabei wesentlich sociale Uebelstände mit. Im gegenwärtigen Deutschland scheint besonders der Mangel an mittleren und kleineren Bauerngütern die Ursache der Auswanderung zu sein; Mangel an Freiheit kann nicht mehr wie um 1848 als solche gelten; denn gegenüber dem allgemeinen politischen Bildungsstande des deutschen Volkes haben wir in Deutschland Freiheit genug, wenn die Reichsverfassung in ihren Grundlagen unangetastet bleibt.

Wenn nun Nordamerika durch die Talente seiner Bewohner und durch die ihm jährlich baar zufließenden Millionen der europäischen Auswanderer schon begünstigt genug ist, so gestaltet sich doch seine handelspolitische Lage noch weit günstiger durch die auf S. 39 unter No. 1 bis 3 angedeuteten Verhältnisse.

Es würde zuweit führen, wollte ich auf die günstige Lage des Erdtheils an zwei Oceanen des größten Weltverkehrs auch nur andeutend eingehen oder auf den leichten und lebhaften Schiffsverkehr seiner Riesenströme. Nur das will ich erwähnen, daß in keinem anderen Erdtheile Flußläufe vorhanden sind, welche die Fahrt größerer Fahrzeuge bis tief in das Innere gestatten, und daß kein Strom auf der Erde existirt, welcher wie der Amazonenstrom zugleich den Vorzug hat, daß die stromaufwärts strebenden Schiffe das ganze Jahr hindurch des günstigen Seewindes, der sie gegen den Strom treibt, sich erfreuen. Ich wende mich vielmehr zu der Darlegung der Productivität und Exportfähigkeit Nordamerikas sowohl auf dem agrarisch-mineralischen wie auf dem industriellen Gebiete, um daran zu zeigen, wie sehr die gesammte handelspolitische Lage der Culturstaaten Europas durch seinen neuen Nebenbuhler Nordamerika gefährdet ist.

Die Landwirthschaft der drei Haupt-Industriestaaten Europas — und das sind bekanntlich England, Frankreich und Deutschland — wurde im letzten Jahrzehnt durch die amerikanische Getreide- und Fleischeinfuhr, mit der zugleich die Einfuhr nordamerikanischer Industrieproducte so ziemlich gleichen Schritt hält, auf das allerempfindlichste geschädigt. Diese Einfuhr seitens der Vereinigten Freistaaten begann im Jahre 1874 lebhafter zu werden, und das war speciell für Deutschland — weniger für England und Frankreich, wo keine Schwindelperiode der alle Werthe in die Höhe treibenden Gründungen vorangegangen war — ein Unglück.

In Deutschland hatten nämlich während der Schwindelperiode von 1871—1873 auch die ländlichen Besitzungen einen überaus hohen Werth bekommen: sie wurden damals oft ähnlich wie die Häuser in den größeren und mittleren Industriestädten um das doppelte des wirklichen Werthes gekauft. Nun trat im Jahre 1874 die stärkere Einfuhr agrarischer Producte Australiens und Nordamerikas in Europa ein, und es mußten in Folge derselben die Preise dieser Güter sinken durch den Druck, den diese Einfuhr auf den Werth solcher Producte ausübte. Wenn von den Folgen dieser Entwerthung — wozu noch die amerikanische Edelmetalleinfuhr kam — nur Speculanten der großstädtischen Börsen getroffen worden wären, welche, im Milliardenregen schwelgend, die Rolle als Rittergutsbesitzer mit befestigtem Grundbesitz spielen wollten, dann wäre das kein zu großes Unglück für Deutschland gewesen. Aber auch der solide alte Grundbesitz wurde sehr geschädigt, weil bei den Erbtheilungen und Auseinandersetzungen, die grade in jenen Jahren, wo alles Geld in Deutschland der Börse zustrebte, zahlreich sein mußten, die hohen Preise der Güter in Berechnung gezogen wurden und weil der Besitzer des Gutes durch die hohen Abfindungssummen, die er auf sein Conto schreiben mußte, nun schlecht daran war.

Ob dem deutschen Grundbesitz durch die Getreide- und Fleischzölle von 1879 wirklich geholfen werden wird, ist sehr die Frage. Die Getreidesteuer ist in Deutschland übrigens durchaus nicht gegen Nordamerika, dessen Hauptabnehmer in Cerealien bisher in erster Reihe England mit 80 bis 97 Procent der gesammten nordamerikanischen Ausfuhr angesehen werden muß, sondern gegen Rußland und Oesterreich gerichtet. Beide Zölle haben bisher nur den Erfolg gehabt, daß Rußland ganz neuerdings mit einer Erhöhung des Einfuhrzolles antwortete, welche den deutschen Industrie-Import nach Rußland so gut wie beseitigt, und daß das Fleisch nicht billiger, das Getreide aber und vorzugsweise der Roggen, welcher in Deutschland ungleich mehr als Weizen gebraucht wird, in die Höhe gegangen ist. Der ärmere Theil der Bevölkerung wird dadurch so lange schwer geschädigt, bis die Löhne nicht höher gegangen sind, die einen Ausgleich schaffen sollen und müssen. Aber von einem Höhergehen der Löhne resp. von einer Nachfrage der Arbeit ist leider seit einigen Jahren so gut wie gar nicht die Rede; es ist vielmehr gewissermaßen das Gegentheil der Fall, wie ich später statistisch nachweisen werde.

Im Anschluß an diese allgemeinen Bemerkungen ist die Thatsache noch sehr beachtenswerth, daß Nordamerika, als Großmacht zu den europäischen gerechnet, gegenwärtig eine bedeutsame Einwirkung auf Verschiebung der Machtsphäre der einzelnen Mächte ausübt. Folgende Tabelle [47]) beweist es.

22. Einwirkung Nordamerikas auf die Machtsphäre der Großmächte 1880 (in Millionen Einwohnern).

Land	um das Jahr 1700	um das Jahr 1789	um das Jahr 1815	um das Jahr 1880	um das Jahr 1880
1. Preußen	2	5	10	(25)	(25)
2. Deutsches Reich, von 1815 bis 1866 d. deutsche Staatenbund	19—20	28	30	45,6	45,6
3. Oesterreich allein	(12—13)	(18)	(30)	39	39
4. England	8	12	19	34,8	34,8
5. Frankreich	19,6	26	29	37,2	37,2
6. Rußland	—	25	45	84,5	84,5
7. Italien	—	—	—	28,6	28,6
8. Nordamerika	(0,26)	(3,9)	(8,4)	—	50
Summa d. Einw. d. Großmächte	50	96	139	270	320
Davon hat %					
Frankreich	38	27	20	13	11,6
Deutsches Reich	38	27	20	19	14,2

Zur Erklärung dieser von dem französischen Statistiker Levasseur in den Annales de démographie internationale von 1879 S. 309 ff. aufgestellten Tabelle, der ich die letzte Colonne von 1880 hinzugefügt habe, erscheinen folgende Bemerkungen nach Levasseur nothwendig. Für das Jahr 1700 sind als wirkliche Großmächte nur Deutsches Reich, England und Frankreich in der Summe von rund 50 Millionen Einwohner enthalten. Für das Jahr 1789 kommt die Summe von

96 Millionen Einwohner für die vier Großmächte Frankreich, England, Rußland und Deutsches Reich dadurch heraus, daß man Preußen und Oesterreich, weil sie größtentheils schon beim Deutschen Reich berechnet sind, als solche nicht mit einrechnet, wohl aber ihren außerdeutschen Landestheilen Rechnung trägt. Für das Jahr 1815 sind Oesterreich und Preußen wieder in den 30 Millionen des deutschen Bundes theilweise enthalten. Wenn man der Bevölkerung Oesterreichs und Preußens den Rest der Bewohner des übrigen deutschen Reiches hinzufügt, so ergeben die fünf Großmächte: Frankreich, England, Oesterreich, Preußen und Rußland insgesammt 139 Millionen.

Nach den letzten zwei Colonnen tritt die Leichtigkeit des politischen Einflusses, repräsentirt durch die Stärke der Einwohnerzahl, innerhalb der Großmächte in den Zahlen 38 bis 11,6 % für Frankreich und 38 bis 14,2 % für Deutschland hervor. Frankreichs Einfluß ist also von 1700 bis 1880 von 38 % auf 13 % (ohne Amerika) zurückgegangen, mit Hinzunahme Amerikas aber sogar auf 11,6 %. Es rangirte Frankreich im Jahre 1700 unter den ersten Großmächten und war jeder einzelnen Großmacht gewachsen; bis 1880 wurde es durch Rußlands Hinzutreten (ohne Amerika) die vierte Großmacht und mit Hinzurechnung Amerikas die fünfte Großmacht nach der Zahl seiner Bewohner. Es wirkt dabei allerdings auch die geringer werdende Fruchtbarkeit der Ehen in Frankreich mit, welche selbst bei Franzosen für die Zukunft der französischen Nation, die den Höhepunkt ihrer Entwickelung hiernach thatsächlich überschritten zu haben scheint, Besorgniß zu erregen beginnt.

Dritter Abschnitt.

Die Rohproduction

und die

industrielle Bedeutung Nordamerikas

in Bezug auf Europa und auf Deutschland insbesondere.

V.

Die Getreideproduction Nordamerikas.

Ich wende mich nun zu der Rohproduction Nordamerikas.

Was zunächst die Production an Getreide betrifft, so marschirte Frankreich noch im Jahre 1872 an der Spitze der Weizen erzeugenden Länder der Erde mit einer Ernte von 120 Millionen Hektoliter; die Weizenernte Nordamerikas in diesem Jahre betrug nur 87 Millionen Hektoliter. Im Jahre 1879 war es aber umgekehrt: Nordamerika erntete an 160 Millionen Hektoliter und Frankreich nur 77½ Millionen Hektoliter.*) Während der jährliche Durchschnitt der Weizen-Ernte Frankreichs von 1874 bis 1878 104 Millionen Hektoliter betrug, stieg dieselbe in Nordamerika von 83 Millionen Hektoliter für die Jahre 1870 bis 1873 auf über 120 Millionen Hektoliter für die Jahre 1874 bis 1878.

Von den 2 Milliarden Morgen, auf welche man die gesammte Oberfläche der Vereinigten Staaten von Nordamerika schätzt, sind bisher (1880) erst 200 Millionen Morgen, also der zehnte Theil, in Cultur genommen und es bleiben noch mindestens 200 Millionen Morgen, welche cultivirt werden können. Der mittlere Weizenertrag wird sich also einst wol auf 240 Millionen Hektoliter und der gesammte mittlere Körnerertrag auf 1250 Millionen Hektoliter, d. h. auf mehr als die gesammte mittlere Körnerernte der Hauptgetreideländer Europas, nämlich Rußlands, Deutschlands, Frankreichs und Oestreich-Ungarns, belaufen.

Zu beachten sind nun die großen Vortheile der Nordamerikaner in der Bodencultur wie in den Speditionskosten dem alternden Europa gegenüber. Die Bebauung des Ackers in Nordamerika geschieht fast durchweg mittels Maschinen, ohne Düngung und geregelte Feldwirth-

*) Ich folge hier dem sehr sorgfältigen „Bericht über den Getreide-, Oel- und Spiritus-Handel in Berlin und seine internationalen Beziehungen im Jahre 1879" von Emil Meyer, vereidetem Produkten-Makler. Die »Indépendance Belge«, der ich die anderen Zahlen an der obigen Stelle entnehme, giebt nur 76 Millionen an.

schaft, und für den leichten Absatz sorgt ein in den letzten Jahren mit ungeheurer Schnelligkeit gleichsam aus der Erde wachsendes und ungemein billig arbeitendes Eisenbahnnetz, dessen neuerdings beschleunigter Ausbau übrigens auf die deutsche Eisenausfuhr in den beiden letzten Jahren vorübergehend günstig gewirkt hat. Die Delegirten der Enquête-Kommission, welche das englische Parlament neuerdings einsetzte, um die Ursachen der mißlichen Lage der englischen Landwirthschaft genauer zu begründen, haben Nordamerika längere Zeit durchforscht und ihr Bericht bestätigt die obigen Bemerkungen.

Dieser Bericht, aus welchem die „Times“ [48]) vor kurzem die Hauptergebnisse mittheilte, hebt ausdrücklich die Schnelligkeit und Geschicklichkeit hervor, mit welcher die amerikanischen Landwirthe in allen Theilen der Vereinigten Staaten sich der Maschinen und der verbesserten Geräthschaften bedienen. Gute Maschinen und verbesserte Werkzeuge seien in Nordamerika weit allgemeiner verbreitet, als in England! „Es mag sein“, so sagte man den englischen Berichterstattern, „daß ein guter europäischer Arbeiter stets mit seinen Werkzeugen zufrieden ist; aber es ist sicher, daß ein amerikanischer Arbeiter außerordentlich ungern mit einem mangelhaften Werkzeuge arbeitet. Landwirthschaftliche Arbeiter existiren in den Vereinigten Staaten übrigens kaum als eine besondere Klasse, außer unter den Farbigen in den mittleren Nordstaaten.“ Die Neger widmen sich seltener der Ackerwirthschaft, sind dagegen große Freunde der Thiere, weshalb ihnen letztere sehr anhänglich sind. Mit den Weißen, die auf dem Ackerlande beschäftigt sind, steht es ganz anders als in Europa. Im Winter wandern sie in die Stadt und man sieht selten dieselben Gesichter in zwei aufeinander folgenden Jahren auf denselben Farmen arbeiten. Auf den größeren Farmen des Westens werden Gebäude aufgeführt, in denen die Arbeiter während des Sommers essen und schlafen. Berittene Aufseher oder Vormänner werden auch nur für die Frühjahrs-, Sommer- und Herbstsaison engagirt und besser bezahlt. Diese scharfäugigen und schlauen Gesellen lassen die Arbeiter nur wenig aus den Augen. Wenn die nordamerikanischen Löhne hoch erscheinen, so sind dafür auch die Arbeitsstunden namentlich im Frühjahr und Herbst sehr zahlreich, während im Winter wieder eine Periode großer Beschäftigungslosigkeit eintritt.

Soweit der englische Enquête-Bericht.

Infolge des halbnomadischen Wirthschaftsbetriebes ist der Ernteertrag in Nordamerika pro Hektar natürlich verhältnißmäßig geringer als in Europa und die mittlere Getreideproduction beläuft sich nur auf 12 Hektoliter pro Hektar, statt auf 14, wie z. B. in Frankreich. Aber dafür ist die Cultur weit ökonomischer in Folge der allgemein verbreiteten Maschinen, welche man dort anwendet, um zu pflügen, zu eggen, zu säen, zu ernten, die Garben zu binden, zu dreschen, sowie das Korn zu reinigen. Es giebt manche Farm, wo der Weizen auf nicht mehr als 9 Francs pro Hektoliter zu stehen kommt. Und bei uns in Deutschland kostet der Weizen (der Centner mit 13 Mark als Durchschnittspreis berechnet) pro Hektoliter für den Consumenten ungefähr 29 Mark, und der Roggen (bei 9 Mark als Durchschnittspreis pro Centner) für den Consumenten ungefähr 18 Mark.

Die Haupternte an Cerealien findet im Centrum und im Westen der Vereinigten Staaten statt. Besonders Californien wird immer bedeutender. Im Jahre 1880 konnte es schon 20 Millionen Centner Weizen für circa 30 Millionen Dollars (à 4 Mark) abgeben, eine ganz hübsche Summe gegen rund 260 Millionen Dollars, für welche Summe ganz Nordamerika Weizen zum Export verfügbar hat.

Natürlich ist die Frage der billigen Spedition der großen Getreidevorräthe Nordamerikas nach der Ostküste, wo die Verfrachtung nach Europa stattfindet, von der allergrößten Wichtigkeit. Die Nordamerikaner haben sie in einer musterhaften Weise gelöst. Wären die Fracht- und Verkehrsverhältnisse so verrottet, wie in Europa, oder wäre eine Reform derselben so schwierig wie bei uns, dann allerdings müßte das amerikanische Getreide im Innern wohl verfaulen, weil es bei der Verschiffung nach Europa zu theuer werden würde. Im alten Europa existiren solche Uebelstände wirklich. Zu Tripolizza (in Arkadien) verfault in guten Erntejahren das Getreide thatsächlich wegen mangelnder Verkehrswege, und Argos, nur 6 Meilen in grader Linie von jenem Orte entfernt, bezieht sein Mehl per Schiff aus Triest und Alexandria. Bei uns im lieben Deutschland ist es ähnlich mit der Kohle nur mit dem Unterschiede, daß diese glücklicherweise nicht verfaulen kann: die Häfen der deutschen Nordseeküste beziehen ihre Kohlen billiger per Schiff aus England, als aus der deutschen Landschaft Westfalen!

Ganz anders ist es in Nordamerika! Noch vor zehn Jahren wäre es den Nordamerikanern als ein leerer Wahn erschienen, hätte man behauptet, es ließen sich 150 Millionen Scheffel Getreide aus den westlichen Prairien über 200 geographische Meilen weit befördern. Als aber die Frage vor einigen Jahren brennend an sie herantrat, da wußten sie in ihrer Weise sofort radical Rath zu schaffen; nämlich nicht nur den Transport solcher Massen zu ermöglichen, sondern auch einen äußerst billigen Transport zu ermöglichen. Folgende Tabelle [49]) beweist dies, ohne daß ich weiteres hinzuzufügen brauche; nur verweise ich zum Vergleich damit auf die deutschen Eisenbahntarife in Tabelle 2.

23. Frachtpreise für amerikanisches Getreide von Chicago nach New-York
pro Buschel (= 35,2 Liter) in Cents, 100 = 4 Mark.

Jahr.	Wasserfracht.	Wasser- und Bahnfracht.	Bahnfracht.
1866	27		
1872	24	27	33
1873	19	24	33
1874	13	17	28
1875	11	14	24
1876	10	12	17
1877	11		
1878	9		
1879	7 1/4		

Die billigen Frachtsätze wurden zum Theil möglich durch Sparsamkeit und Billigkeit beim Eisenbahnbau. Uebrigens wurde das nordamerikanische Eisenbahnnetz in den letzten Jahren mit rapider Schnelligkeit ausgedehnt. Dies zeigt die folgende Tabelle von Stürmer die jedoch der Gegenwart nicht mehr entspricht, weil nach den neuesten Angaben der „New-Yorker Landeszeitung" der Schienenverbrauch Nordamerikas im Jahre 1880 ein ungemein großer gewesen ist, vgl. Vossische Zeitung vom 24. December 1880.

24. Es kommen auf 10,000 Einwohner folgende Kilometer Eisenbahn in:

Nordamerika	Schweiz	England	Deutschland	Frankreich	Italien	Rußland	Rumänien	Portugal	Türkei.
17,2	10,8	8,1	7,1	6,3	2,9	2,8	2,4	2,2	1,6

Ein richtiges Bild giebt diese Tabelle freilich nicht, denn es müßten die Kilometer Eisenbahn auch für den Flächengehalt des Landes berechnet werden; dann würde wahrscheinlich Belgien, welches hier nicht in Betracht gezogen ist, in der ersten Reihe stehen.

Der Nordamerikaner Vanderbilt hat sich um die Herabsetzung der Frachtpreise ganz besonders verdient gemacht. Derselbe legte den

Grund zu dem jetzigen Central-Eisenbahn-System von New-York und traf Maßregeln, wodurch die Transportkosten für eine Tonne (20 Ctr.) Mehl von Chicago nach New-York von 1½ Dollars auf ½ Dollar herabgesetzt wurden. Indem derselbe sich dadurch den Erwerb des größten Vermögens ermöglichte, welches jemals auf die rechtlichste Weise erworben worden ist, bewahrte er zugleich Europa vor einer Hungersnoth, die ohne die amerikanische Getreideeinfuhr in den letzten Jahren wahrscheinlich eingetreten wäre.

Auch die Ein- und Ausladungsvorrichtungen in den Hauptladeplätzen Nordamerikas sind alle derartig, daß sie in Europa, am wenigsten aber in Deutschland, ihresgleichen nicht haben. Die bewegende Kraft dabei ist der Dampf und es können z. B. in New-York, welches der Hauptexportplatz ist, unglaubliche Quantitäten Getreide in kürzester Zeit auf die nach Europa bestimmten Schiffe verladen werden.

Wann wird für unsere deutschen Eisenbahnen und Canäle, besonders in Betreff der Kohle, wohl der Vanderbilt kommen, der durch billigere Frachtsätze uns dem Auslande gegenüber im eigenen Lande concurrenzfähiger macht?

Die Gesammtproduction Nordamerikas an Getreide stellt sich im Durchschnitt der Jahre 1870—1878 zu derjenigen der Hauptproductionsländer Europas folgendermaßen:[50]) (s. Tab. 25 auf S. 58.)

Ich bemerke zu dieser Tabelle, daß die nordamerikanische Ernte vom Jahre 1877 schon 767 Millionen Hektoliter betrug, den Durchschnitt (der Jahre 1870—1877) also um 41 Millionen Hektoliter überschritt, während das Mehr für dies Jahr in den meisten andern Ländern dem Durchschnitt sehr nahe blieb.

Indem Nordamerika (mit einer Gesammternte von 767 Millionen Hektoliter) auch im Jahre 1877 Rußland (mit 595 Millionen Hektoliter) um ein ganz bedeutendes schlug, blieb es an der Spitze der getreideproducirenden Länder der Welt. Nur im Export von Getreide und Mehl blieb ihm für diese Zeit Rußland überlegen, wie die folgende Tabelle zeigt: (s. Tab. 26 auf S. 59.)

Die nicht aufgeführten Länder haben sämmtlich größere Einfuhr als Ausfuhr gehabt. Hervorzuheben ist, daß gerade die Industrieländer Mehreinfuhr haben, eine Erscheinung, welche beim Gesammthandel insofern wiederkehrt, als fast alle diese Länder einen beträchtlichen Ueberschuß der Gesammt-Einfuhr über die Gesammt-Ausfuhr haben, der fast mit der Höhe des Mehrimports an Getreide im Einklange steht.

25. Mittlere Getreideproduction der Hauptländer der Erde.
(In Millionen Hektoliter.)

Land	Weizen und Spelz	Roggen	Gerste	Hafer	Mais	Buchweizen Erbsen u. s. w.	Total (rund)
Nordamerika	105	6,3	11,4	106,6	394,5	3,2	627
Rußland	79,5	241,5	44,1	195,3	—	29,4	590
Deutschland (1878)	41,8	101,2	38,7	119,6	—	11,1	312
Frankreich	104,2	26,3	20,2	70,3	10,4	19,2	251
Oesterreich-Ungarn	31,7	40,2	26,3	42,4	22	7,5	170
England	30,9	0,7	32,9	62	—	—	126
Italien	51,8	3,3	3,4	7,4	31,1	5,6	102
Spanien	53	7	27	9	8,7	—	105
Britisch-Ostindien	100	—	—	—	—	—	100
Untere Donauländer	28,7	6,4	13,5	3	23,6	1,6	77
Japan	4	—	18	—	—	12	34
Canada	6,2	0,4	4,2	16,6	1,4	1,4	30
Schweden	1	6,7	5	15,2	—	1,8	29
Algerien	9	—	16	0,6	0,2	1	27
Belgien	8,2	6	1,5	7,8	—	—	24
Dänemark	1,3	4,7	6,9	9,7	—	1,1	24
Aegypten	5,5	—	3,9	—	4,8	3,6	18
Niederlande	1,9	3,5	1,6	4	7	1	19
Australien	7,6	—	0,6	3,1	1,8	—	13
Portugal	3	2,3	0,6	0,4	—	—	6
Chile	4,8	—	1,2	—	—	—	6
Norwegen	0,1	0,3	1,6	3,2	—	0,7	6
Griechenland	1,6	—	0,6	—	1	0,6	4
Summa der europ. Länder	438,7	450,1	223,3	549,3	103,8	79,6	1845
Summa d. außereurop. Länd.	242,1	6,7	55,9	126,9	402,7	21,2	855
Total aller Länder	680,8	456,8	279,2	676,2	506,5	100,8	2700

Was Deutschland speciell betrifft, so ist sein Bedarf an Brotfrüchten und Mehl weit höher, als man nach den Berechnungen des Geheimrath Dr. Engel gewöhnlich annimmt; die Ein- und Ausfuhrlisten seit 1872 geben den unwiderleglichen Beweis dafür. (s. Tab. 27 auf S. 59.)

Deutschland hat demnach von 1872 bis 1878 rund 1600 Millionen Mark für Mehl und Brotfrüchte an das Ausland gezahlt, also im Durchschnitt jährlich 228 Millionen Mark. Diese Summe muß mit der wachsenden Bevölkerung jährlich um eine Kleinigkeit steigen, weil Deutschland nicht in der Lage ist, jährlich neue Ackerflächen zu schaffen. Im Gegentheil! Die deutsche Ackerfläche wird sich verringern müssen zu Gunsten der zu vergrößernden Waldfläche. Denn das immer

26. Der Weltumsatz in Brotfrüchten und Mehl 1876 und 1877.
(In Millionen Mark.)

Land	1876 Export	1876 Import	1877 Export	1877 Import	1876—77 Mehrimport	1876—77 Mehrexport
Nordamerika	476,8	33,5	727,1	34	—	1136
Rußland	655,4	—	849,2	5,3	—	1499
Deutschland	222,1	595	378	716	711	—
Frankreich	117,5	191,4	148,2	165,1	91	—
Oesterreich-Ungarn	187,2	67,5	317	106,1	—	331
England	20,9	1036,2	24,5	1270,7	2262	—
Italien	59,7	86,4	45,8	76,6	58	—
Spanien*)	61,9	0,4	44,9	5,1	—	101
Britisch-Ostindien	39,1	—	194,8	10,6	—	223
Untere Donauländer } Rumänien	107,4	0,6	—	—	—	167
Rumänien		—	64,3	4,6	—	
Canada	41,5	—	50,3	57,6	—	34
Algerien	32,9	—	40,3	0,6	—	73
Belgien	65,2	202,7	64,5	199,8	272	—
Dänemark	56	14,8	44,9	31,1	—	55
Aegypten	7,3	—	44,2	0,9	—	51
Niederlande	24,1	86,6	36	129,3	156	—

27. Deutscher Getreide- und Mehlhandel.
(In Millionen Centnern und Mark.)

Jahr	Gesammteinfuhr Centner	Gesammteinfuhr Mark	Gesammtausfuhr Centner	Gesammtausfuhr Mark	Mehreinfuhr Centner	Mehreinfuhr Mark
1872	28,88	280	21,86	215,1	7,02	64,9
1873	39,90	414	23,98	249	15,92	165
1874	47,1	482,4	22,2	229	24,9	253,4
1875	43,1	418	26,9	267,4	16,2	150,6
1876	60,5	595	22,65	222,1	37,85	372,9
1877	73,1	716	39,6	378	33,5	338
1878	66,4	672**)	43,68	416,6	22,72	255,4

continentaler, d. h. trockener werdende Klima***) Deutschlands und die Seichtigkeit der deutschen Flüsse im Sommer, Wolkenbrüche u. s. w.

*) Für Spanien ist das Jahr 1873 angenommen.

**) So nach der Schätzung von v. Neumann-Spallart „Weltwirthschaft“ II, 75. Die Monatshefte zur Statistik des deutschen Reiches für 1881, Januarheft S. 20, berechnen nur 612 Millionen Mark für die Einfuhr, dafür ist aber die Ausfuhr nach ihnen geringer, es bleibt also Mehreinfuhr auch nach diesen Angaben.

***) Vgl. A. Grisebach, die Vegetation der Erde nach ihrer klimatischen Anordnung. Bd. I. Leipzig 1872, S. 82 ff.

haben ihre Hauptursache in der maßlosen Abholzung der letzten acht Jahrzehnte: Schlesien hatte um 1800 noch 4000 Teiche, gegenwärtig hat es kaum noch 400.

Die Gesammtproduction Deutschlands an Brotfrüchten betrug im Jahre 1878 312½ Millionen Hektoliter oder 384½ Millionen Centner. Trotzdem brauchte Deutschland auch in diesem Jahre den durchschnittlichen Mehrimport von 22½ Millionen Centnern. Hiernach darf man mit Recht jene 312 Millionen Hektoliter als den durchschnittlichen Getreideertrag Deutschlands annehmen, und nicht die früheren Angaben von 260 Millionen Hektoliter. *) Uebrigens hatte Amerika bis 1879 nur wenig Antheil an der Deckung des deutschen Mehrbedarfs an Getreide; den größten hatten dagegen Rußland und Oesterreich.

England nahm bis zum Jahre 1877 fast 7/8 des nordamerikanischen Getreideexportes für sich in Anspruch. Für Irland ist der Import des amerikanischen Getreides ein wahres Unglück geworden. Der irische Nothstand vom Jahre 1879 und die jetzigen Unruhen auf der unglücklichen Insel beruhen zum großen Theile darauf. Das irische Parlamentsmitglied Gray wies schon Ende October 1879 im Dubliner Magistrat nach: „daß Handel und Landwirthschaft Irlands im letzten Jahre allein 30 Millionen £ Sterling (also 600 Millionen Mark) verloren habe; daß Irland selbst allmälich zu einem ungeheuren Weidelande herabgesunken sei, weil die in Folge der auswärtigen Concurrenz sinkenden Getreidepreise die Anstrengungen der Pächter nutzlos machten." Der einzige Ausweg zum Besseren wäre eine Herabsetzung der Pachtsummen gewesen. Dazu kommt, daß Irland seine Industrie leider nicht derartig entwickelt hat, um in ihr einen Schutz gegen die Verarmung auf dem agrarischen Gebiete zu finden. Auch hat die Insel keinen eigentlichen Vortheil von den gezahlten Pachtsummen, weil dieselben, im Betrage von einigen Hundert Millionen Mark, meist außerhalb der Insel durch die englischen Großgrundbesitzer verzehrt werden.

Das eigentliche Altengland beginnt übrigens auch unter dem amerikanischen Import landwirthschaftlich zu leiden. Das zeigt Einsetzung der schon oben erwähnten Enquête-Commission durch das Parlament. Auch die sonst so unbedeutende Auswanderung englischer Landwirthe nimmt in neuerer Zeit größere Dimensionen an. Diese Landwirthe, meist Pächter, wenden sich vorzugsweise nach Texas, oft mit Capitalien bis zu 12,000 Mark. Im August 1878 wanderten

---

*) Vgl. v. Neumann-Spallart a. a. O. I, 50 und II, 74.

über Liverpool aus England nur 9302 Personen aus, im August 1879 dagegen 14,739, und zwar nur 1/10 Irländer, dagegen 2/3 Engländer.

Außer den Cerealien sind noch andere landwirthschaftliche Producte Nordamerikas von Wichtigkeit. Ich erwähne auch das Nußbaumholz, welches besser ist, als das italienische, und nach welch' letzterem erst unser deutsches kommt; ferner die werthvollen Häute. Dem englischen Enquête-Berichte zufolge werden bald auch bedeutende Quanta nordamerikanischer Molkereiproducte den europäischen Markt suchen, so daß also die europäische Käseproduction eine Concurrenz zu fürchten hat. Hinsichtlich der Butter ist der Fall schon eingetreten. Trotz des Schutzzolles, der für Butter 1879 sofort eintrat und von 8 Mark auf 20 Mark pro 100 Kilo erhöht worden war, betrug die Einfuhr amerikanischer Butter nach den Angaben des Consular-Agenten der Vereinigten Staaten allein in Geestemünde und Bremerhaven pro 1879 nicht weniger als 61,418 Fäßchen, mehr als sechsmal soviel als im Jahre 1878; (vergl. die National-Zeitung vom 13. November 1880.)

Ich wende mich nun specieller zur Fleisch- und Viehproduction der Vereinigten Staaten.

VI.

Die Fleischproduction Nordamerikas.

Wie die Getreideeinfuhr, so begann auch die Fleisch- und Vieheinfuhr Nordamerikas nach Europa seit 1874 in die Höhe zu gehen. Der Werth der letzteren betrug im Jahre 1874/75 nur 41,2 Mill. Dollars, im Jahre 1875/76 schon 51,5 Mill. Dollars, im Jahre 1876/77 aber 69,8 Mill. Dollars.

Wie sehr von jetzt ab die Vieh-Ausfuhr Nordamerikas stieg, das zeigt wohl am besten das Quantum, welches England allein bezog, (wobei die Austern*), im Werthe von total 1·321,183 Dollars, für Europa überhaupt zu verstehen sind), nämlich:

28. Jahr	Rindvieh	Schafe	Schweine	Austern
1876	—	—	—	42,839 Faß
1877	19,163 Stück	23,395 Stück	—	52,124 „
1878	86,439 „	84,072 „	17,935 Stück	78,612 „
1879	—	—	—	90,663 „

Um 1877 war der Viehstand Nordamerikas dem jedes europäischen Staates überlegen, wie folgende Tabelle zeigt:

29. **Der Viehstand der Hauptländer 1877.**
(In Stück.)

Land	Rinder	Schafe	Schweine
Nordamerika	30·523,400	35·740,500	32·262,500
Rußland	23·601,000	48·585,000	10·332,000
Deutschland	15·777,000	24·999,000	7·124,000
Oesterreich-Ungarn	12·702,000	20·103,000	6·995,000
Frankreich	11·351,000	23·902,000	5·801,000
England	9·732,000	32·220,000	3·984,000

*) Ich habe die Austern deshalb bei'm „Vieh" unterbringen müssen, weil es anderswo noch schlechter möglich war.

Auch die Ausfuhr von amerikanischem Fleisch nach Europa nahm in den letzten Jahren ungeheure Dimensionen an, besonders seitdem nach allerhand Versuchen die Conservirung des frischen Fleisches gelungen ist.

Während im Jahre 1876 die Hauptplätze der Schweinezucht und des Fleischexports in den Vereinigten Staaten nur 9·169,451 Schweine fabrikmäßig schlachteten und verpackten, waren es 1878 bereits 12·301,589 Stück, also über 3 Millionen mehr als 1876 und 5 Mill. mehr, als Deutschlands Besitzstand überhaupt beträgt. Dabei ist in diesen Summen vorzugsweise gepökeltes Fleisch enthalten. In den letzten Jahren versendet ein einziges Geschäft in Chicago täglich 40—50,000 Büchsen mit eingemachtem Fleisch von 2 bis 28 Pfund Inhalt; ein anderes versendet das Fleisch von 300 Rindern täglich ebenfalls in Büchsen. Die Transportkosten vom Schlachthause bis auf den Markt in London stellen sich nur auf 2½ Pfennig pro Pfund. Zwei Pfund frisches Fleisch mit Knochen geben durchschnittlich ein Pfund Büchsenfleisch ohne Knochen. Die St. Louis Beef Canning Company ist auf das Schlachten und Verarbeiten von täglich 1000 Rindern eingerichtet. Sie kaufte im Jahre 1879 fette Rinder zum Preise von 15 Mark pro Centner Lebendgewicht und schlachtete vom Juli bis November 80,000 Stück.

Mit dem Jahre 1875 beginnen die Versuche der Nordamerikaner, durch verschiedenartige Vorrichtungen in der Construction der Refrigoratoren oder Kühlungsapparate Fleisch in völlig frischem Zustande nach Europa zu bringen. Daß sie bald gelangen, zeigen die statistischen Zahlen. Denn während die Versendung von solchem Fleische im Jahre 1875 nur 24,340 Pfund im Werthe von 2043 Dollars betrug, war der Gesammtwerth des in den nächsten anderthalb Jahren (bis März 1877) exportirten frischen Fleisches auf 26,6 Millionen Pfund im Werthe von 2½ Millionen Dollars gestiegen. Die folgende Tabelle 30 soll die Steigerung der gesammten Fleischausfuhr Nordamerikas in neuester Zeit veranschaulichen.

Höchst interessant und zugleich ein Beweis für die Richtigkeit der von mir allerdings nur zum Theil darüber vorgeführten Zahlen ist die Thatsache, daß Europa im Jahre 1877 totaliter für 345 Millionen Mark mehr Fleisch importirte als ausführte. Diese Summe stimmt nämlich völlig zu der nach statistischen Erhebungen auf 343 Millionen Mark bewertheten Mehrausfuhr der außereuropäischen Staaten und die Differenz von 2 Millionen Mark ist aus den Transportkosten zu erklären.

Es ist auffallend, daß Deutschland sich gegenüber der Einfuhr des frischen nordamerikanischen Fleisches bisher so reservirt ver-

30. Vieh- und Fleischausfuhr Nordamerikas.
(Werth in Dollars, die 000 weggelassen.)

Lebende Thiere	1876 Menge in Stück	1876 Werth	1878 Menge in Stück	1878 Werth	1879 Menge in Stück	1879 Werth
Rindvieh..........	51,593	1 111	80,040	8·897	136,720	8·379
Schafe............	110,312	171	183,995	334	215,680	1·083
Schweine..........	68,044	670	29,284	267	75,129	700
Fleisch in Pfund						
Frisches Rindfleisch .	36·596,150	3·186	54·046,771	5·010	54·025,832	4·883
Gesalzenes „ .			38·831,379	2·973	36·950,563	2·336
Schinken und Speck	327·730,172	39·665	592·797,481	51·750	732·249,576	51·074
Fleisch-Conserven ..	—	998	—	5·103	—	7·311
Schweinefleisch	54 195,118	5·744	71·889,155	4·914	—	4·808
Frisch. Hammelfleisch	—	—	130,582	9	1·440,197	123
Werth in Summa.	—	51·545	—	74·257	—	80·697

halten hat; wenigstens hörte man bisher weder in Berlin noch in Hamburg von importirtem frischen amerikanischen Fleisch. England dagegen macht einen umfangreichen Gebrauch davon, indem es z. B. im Jahre 1878 an frischem Rindfleisch 508,307 Centner im Werthe von 1·346,285 £ importirte. Darnach käme das Pfund auf etwas über 50 Pfennig zu stehen, wozu ich bemerke, daß gerade im Jahre 1878 die Fleischpreise in Amerika sehr hoch waren. Der deutsche Zolltarif vom Jahre 1877 besteuerte sub No. 25 g „zubereitetes Fleisch, Schinken, Speck, Würste, Fleischextract, Tafelbouillon und Fische" pro 50 Kilo nur mit 1½ Mark und „Fleisch, ausgeschlachtetes, frisches" ging frei ein. Durch den deutschen Zolltarif vom Jahre 1879 wurde der Zoll für 50 Kilo von beiden Arten Fleisch auf 24 Mark erhöht, was pro Pfund 24 Pfennige ausmacht. Auch vor der erhöhten Steuer war die Theilnahme Deutschlands an der Einfuhr frischen Fleisches unbedeutend; die Gründe dafür sind wol in den hohen deutschen Eisenbahntarifen zu suchen. Beachtenswerth ist es, daß Antwerpen *) aus seinen Depots einen Theil des französischen Bedarfs deckt, im Werthe von ca. 430,000 Francs jährlich nur für Fleischextract; von Hamburg, dem leider immer mehr zurücktretenden Rivalen Antwerpens und Amsterdams, läßt sich leider ähnliches nicht behaupten.

Der Umsatz resp. Bedarf der einzelnen Hauptländer in Vieh 2c. stellte sich im Jahre 1877 folgendermaßen.

*) Vergl. v. Neumann-Spallart „Weltwirthschaft" II, 111, und Anmerk. [51]).

Kolibri 360 GmbH
Ferdinand-Jühlke-Straße 7
99095 Erfurt, Deutschland
produktsicherheit@kolibri360.de